초록 그늘 아래서

초록 그늘 아래서

초판 1쇄 인쇄일 2025년 6월 16일
초판 1쇄 발행일 2025년 6월 25일

지은이 황규섭
펴낸이 양옥매
디자인 표지혜 송다희
마케팅 송용호
교　정 조준경

펴낸곳 도서출판 책과나무
출판등록 제2012-000376
주소 서울특별시 마포구 방울내로 79 이노빌딩 302호
대표전화 02.372.1537　**팩스** 02.372.1538
이메일 booknamu2007@naver.com
홈페이지 www.booknamu.com
ISBN 979-11-6752-647-2 (03480)

* 저작권법에 의해 보호를 받는 저작물이므로 저자와 출판사의 동의 없이
　내용의 일부를 인용하거나 발췌하는 것을 금합니다.
* 파손된 책은 구입처에서 교환해 드립니다.

초록 그늘 아래서

황규섭 지음

책과나무

프롤로그

당신의 마음속에 자라날 작은 숲을 꿈꾸며

숲은 수많은 생명체들이 서로를 의지하며 살아가는 거대한 네트워크입니다. 우리의 숨결과 맞닿아 있는 살아 있는 생명체이기도 하죠.

나뭇잎 사이로 스며드는 따스한 햇살, 발아래 부드럽게 깔린 낙엽의 사각거림, 땅 위를 재잘거리며 오가는 작은 생명들까지. 숲은 겉보기에 고요하지만, 그 안에는 끝없이 이어지는 생명의 이야기가 흐르고 있습니다. 그 속에는 우리가 아직 듣지 못한, 보지 못한 이야기들이 가득하죠.

숲해설은 바로 그런 이야기들을 조심스럽게 건져 올리는 일입니다. 숲해설가는 탐방객들과 함께 숲을 걸으며, 그 속에서 보이는 것, 느껴지는 것, 그리고 떠오르는 이야기를 나누는 동반자이자 안내자입니다.

나무의 나이테를 가리키며 수백 년의 시간을 이야기해 주거나, 땅 위의 발자국을 통해 숨어 있는 동물의 삶을 상상하게 해 줍니다. 숲해설가는 단지 정보를 전달하는 사람이 아니라, 숲이 품은 수많은 이야기를 함께 나누는 친구이자 길잡이입니다.

숲은 때로는 말없이 걷는 것이 가장 좋습니다. 숲의 기운을 온몸으로 느끼며 혼자만의 시간을 즐기는 것도 숲의 매력이죠. 하지만 가끔은 숲이 궁금해질 때가 있습니다.

'이 나무는 무슨 나무일까?'
'이 작은 벌레는 누구지?'
'왜 이곳에 이런 흔적이 남아 있을까?'

그런 순간, 숲해설가는 탐방객의 궁금증에 살짝 답을 건네며, 숲이 품은 이야기를 함께 나눕니다.

이 책은 제가 숲에서 만난 사람들과 나눈 이야기, 그리고 숲속에서 보고, 느끼고, 상상한 것들을 엮어 만든 작은 기록입니다. 무거운 학술 서적이 아니라, 숲의 속삭임에 귀 기울이고 자연과 가까워질 수 있도록 가벼운 발걸음으로 다가간, 초록 물이 흠뻑 스민 동화집 같은 책입니다.

책에는 숲에서 흔히 마주치는 나무, 풀, 그리고 작은 곤충 친구들의 이야기가 담겨 있습니다. 단순히 '숲은 숲일 뿐'이라고 생각했던 분들도 이 책을 읽으며 숲의 다채로움을 새롭게 발견하실 수 있을 겁니다.

숲을 사랑하는 분들, 숲을 공부하는 이들, 그리고 숲을 새롭게 알고자 하는 모든 이들에게 이 책이 소중한 선물이 되길 바랍니다. 저는 이 책이 여러분에게 숲을 바라보는 새로운 시선을 열어 주기를 꿈꿉니다. 만약 책을 읽다가 새싹 돋아나는 꿈을 꾼다면, 그건 이 책이 여러분에게 보내는 작은 선물일 겁니다.

바쁜 일상 속에서 잠시 멈춰 숲을 찾아보세요.
혹시 숲을 직접 찾기 어렵다면, 이 책을 통해 마음속에 작은 숲을 만들어 보세요. 초록 그늘 아래 앉아 한 장 한 장 책장을 넘기며 숲속 친구들의 이야기에 귀를 기울이다 보면, 어느새 마음 한편이 푸르게 물들어 있을 겁니다.
이 책이 여러분의 쉼표가 되기를 바라며, 숲에서 들은 이야기를 정성껏 담아 보겠습니다. 여러분의 마음속에 작은 숲이 자라나길 바라며.

2025년 6월
황규섭

프롤로그 • 5

1장 아름다운 벌레들 이야기

잠자리와의 특별한 손잡기 • 14
작은 집 속 큰 세상, 달팽이 • 18
작은 악취 요정, 노린재 • 23
놀라운 위장 쇼의 대가, 대벌레 • 28
빨간 망토 히어로, 무당벌레 • 32
기도하는 닌자, 사마귀 • 37
생존을 위한 진딧물의 치열한 삶 • 44
자연의 작은 건축가, 도롱이벌레 • 49
긴 더듬이의 패션 아이콘, 하늘소 • 53
여름의 뮤즈, 매미 이야기 • 58
메뚜기의 작은 도약, 큰 이야기 • 63
개미지옥의 설계자, 개미귀신 • 68
하루살이, 하루를 위한 위대한 준비 • 74
작은 꿈에서 시작된 학배기의 혁명 • 78
지구를 살리는 묵묵한 일꾼, 지렁이 • 81
도토리거위벌레, 숲속의 톱쟁이 • 85
모시나비의 이기적인 짝짓기 • 90
가늘지만 강하다! 거미줄의 놀라운 힘 • 94
밀리미터, 센티미터, 노래기와 지네 • 98
나비의 마침표, 이야기의 시작 • 103

차례

2장 우리 숲의 풀과 꽃, 나무 이야기

모감주나무, 씨앗의 시간을 찾아서 • 110
명품 브랜드 나무, 포플러 • 114
수풀 속의 빌런, 환삼덩굴 • 118
박태기나무의 매력적인 하트 잎사귀 • 122
자작나무의 흰 껍질에 새겨진 그리움 • 127
살아 있는 타임머신, 메타세쿼이아 • 131
이끼, 알고 보면 대단한 친구 • 135
작지만 쓸모 많은 싸리나무 • 140
소나무, 한국의 풍경을 완성하다 • 144
자연과 신화가 빚어낸 산딸나무 • 150
산수유 열매의 겨울 동화 • 154
버드나무, 성(聖)스럽고 성(性)스러운 • 158
척박한 땅 위의 강인함, 개망초 • 162
학문과 교양의 상징, 회화나무 • 166
찔레꽃, 향기는 너무 슬퍼요 • 170
고요한 순백의 꽃, 때죽나무 • 174
담쟁이덩굴은 프로 등반가 • 178
고사리 속에 담긴 수학적 질서 • 182
아름다움 하나로 충분한 이팝나무 • 187
꽃, 열매, 이야기로 가득한 명자나무 • 191

붉나무의 맛과 멋을 찾아서 · 195

느긋함과 너그러움의 상징, 느티나무 · 199

마음까지 푸른 물, 물푸레나무 · 203

참나무는 숲속의 생명 창고 · 207

천 년을 품은 은행나무 · 212

행화촌에서 만난 살구나무 · 216

수크령과 강아지풀 두 친구 이야기 · 220

덩굴 속 야생의 매력, 댕댕이덩굴 · 224

층층나무, 도심 속에서 만나는 자연의 예술 · 228

숲의 완성을 알리는 서어나무 · 232

사회적 거리와 크라운 샤이니스 · 236

닭의장풀, 소박한 생존 이야기 · 241

생강나무 향은 두 손으로 받으세요 · 245

팽나무, 놀이부터 신목까지 · 249

염료와 신비의 풀, 꼭두서니 · 252

봄을 알리는 전령사, 꽃다지와 냉이 · 255

작지만 큰 고마움, 고마리 · 260

봄을 여는 벨벳 코트, 목련 · 264

애기똥풀의 노란 꽃 뒤 숨은 이야기 · 268

보도블록 틈새의 생명력, 쇠비름 · 271

세 번 피는 꽃, 동백과의 만남 · 276

다섯 시에 만나요, 민들레 · 281

엉겅퀴, 가시 속에 숨겨진 강인함 · 287

도꼬마리의 특별한 생존 전략 · 290

3장 흔히 보는 새들 이야기

숲속의 드러머, 딱따구리 • 296

협력과 조화의 상징, 물까치 • 301

숲속의 추장, 후투티 • 306

나무 위의 곡예사, 동고비 • 311

숲속의 패셔니스트, 박새 • 315

작지만 무서운 사냥꾼, 때까치 • 320

자연이 빚어낸 음유시인, 어치 • 324

둘만 낳아 잘 기르는 멧비둘기 • 329

1장

아름다운 벌레들 이야기

"숲을 지탱하는 것은 작은 생명들입니다.
숲을 진정으로 사랑한다면,
이 작은 생명들의 이야기를 잊지 마세요."

잠자리와의 특별한 손잡기

 오늘따라 가을볕이 정말 따스하네요. 들판 위로 잠자리들이 여기저기 날아다니는 모습이 참 평화롭습니다.
 여러분도 어린 시절에 잠자리 잡기 놀이를 하며 즐거운 시간을 보냈던 기억이 있으시죠? 그런데 막상 잠자리를 잡으려고 하면 생각보다 쉽지 않다는 걸 느끼셨을 거예요. 뒤에서 살금살금 다가가도, 앞에서 최면을 걸 듯 손가락으로 동그라미를 그려 봐도, 결국 놓쳐 버리고 마는 경우가 많았을 텐데요.
 그렇다면, 도대체 왜 잠자리는 그렇게 잡기 어려울까요? 오늘은 그 비밀을 풀어 보고, 잠자리와의 특별한 손잡기가 어떻게 가능한지도 알아보려고 합니다. 잠자리의 날렵한 비행과 민첩한 반응 속도, 그리고 그들이 가진 독특한 생태적 특성에 대해 함께 탐구해 보는 시간을 가져 보죠.

 잠자리의 눈을 본 적 있나요?
 마치 선글라스를 쓴 듯한 커다란 눈이 먼저 보이는데, 그 눈을 '겹눈'이라고 합니다. 이 겹눈은 자세히 들여다보면 모눈종이처럼 작은 점들로 이루어져 있습니다. 그 많은 점들을 '낱눈'이라고 부르는데, 놀랍게도 잠자리의 겹눈에는 1만에서 2만 8천여 개의 낱눈이 있습니다.

　이 낱눈들은 각각 독립적으로 움직임을 감지할 수 있는 초고화질 카메라처럼 작동합니다. 우리가 아무리 천천히, 살금살금 다가가도 잠자리에게는 그 움직임이 낱낱이, 선명하게 포착됩니다. 그러니 잠자리의 눈을 속인다는 건 거의 불가능에 가깝죠.

　하지만 방법이 없는 것은 아닙니다. 잠자리와 친해지는 가장 쉬운 방법은 바로 손가락을 내미는 것입니다. 들판에서 손가락을 내밀며 "내게로 와라, 내게로 와라!" 주문을 외우던 기억, 다들 있으시죠? 그러다 보면 신기하게도 잠자리 몇 마리가 마법에 걸려 정말 손끝에 살며시 내려앉곤 했을 겁니다.

　그 비결은 잠자리의 또 다른 눈에 있습니다. 양쪽 겹눈 사이에 박힌 흑진주처럼 까만 점 세 개, 바로 홑눈입니다. 이 홑눈은 밝고 어두운 것, 멀고 가까운 것만을 구분합니다. 움직임을 정확히 보는 겹눈과 달리 흐릿하게 대략적인 정보를 감지하는 눈이죠. 손가락을 천천히 홑눈 앞에 내밀면 잠자리는,

　'저게 뭐지? 처음 보는 나무인데?'

하고 망설이다 호기심을 느끼며 손끝에 살짝 올라앉게 됩니다.
　잠자리를 잡으려면 겹눈이 아니라 홑눈을 공략해야 합니다. 잠자

1장 아름다운 벌레들 이야기　15

리에게 피해를 주지 않고 그들과 손잡을 수 있는 가장 효과적인 방법이죠.

잠자리의 눈을 이야기하다 보면, 문득 인간의 눈이 떠오릅니다. 우리는 두 눈으로 초점을 맞춰 하나의 사물만을 선명하게 바라볼 수 있습니다. 그래서 우리가 보는 세상은 언제나 명확하고 뚜렷하죠. 하지만 때로는 이런 명확함 때문에 오히려 세상을 좁게 보기도 합니다.

"내가 두 눈으로 똑똑히 봤어!"

싸울 때 이런 말이 종종 나오곤 하죠. 하지만 세상엔 꼭 하나의 정답만 존재하는 것은 아닙니다. 잠자리의 2만 8천여 개의 낱눈처럼, 세상에는 다양한 시각과 관점이 있습니다. 그 다양성을 인정하는 것이야말로 우리가 더 큰 세상을 이해하는 방법이 아닐까요?

잠자리가 잘 잡히지 않는 또 다른 이유는 스피드 때문입니다. 잠자리는 곤충계의 스프린터입니다. 날갯짓을 위해 발달한 근육질 가슴 덕분에 잠자리는 초속으로 방향을 바꾸며 날아다닐 수 있습니다. 이렇게 빠르고 민첩한 능력은 잠자리를 곤충계 최고의 사냥꾼으로 만들어 준 것이죠.

오늘 젊으신 분들이 많이 오셨는데, 여기서 제가 팁을 하나 드리겠습니다. 우리는 가끔 사냥꾼은 아니어도 사랑꾼이 되고 싶을 때가 있습니다. 사랑받고 싶고, 사랑하고 싶고, 그렇잖아요. 만일 사랑꾼이 되고 싶다면, 잠자리에게 배우셔야 합니다.

사랑은 겹눈이 아니라 홑눈으로 해야 좋습니다. 비록 선명하게 보이지는 않겠지만 그런 흐릿한 눈이 우리를 사랑에 빠지게 하는 거니까요. '눈먼 사랑'이라는 말도 있잖아요. 눈에 뭔가가 씌어야 사랑에 이르기가 쉽습니다. 겹눈처럼 수많은 눈으로 낱낱이 바라보면 너무 적나라해서 사랑이 이루어질 수 없습니다. 그렇죠?

앞으로 여러분들, 들판에 서서 잠자리에게도 먼저 손을 내밀어 보시기 바라고, 또 훌륭한 사랑꾼도 되시기 바랍니다.

작은 집 속 큰 세상, 달팽이

오늘은 느리지만 결코 뒤처지지 않는, 조용하고 작은 생명체를 하나 소개해 드리겠습니다. 바로 달팽이입니다.

"달팽이? 그 작고 느린 녀석?"

이라고 생각할 수도 있겠지만, 잠깐만 기다려 보세요. 달팽이가 느려도, 아침은 우리와 똑같이 맞이합니다. 천천히 가더라도 결국 같은 시각에 새해에 다다르죠. 이 작고 둥글게 말린 세계를 조금 더 깊숙이 들여다보면, 의외의 비밀들이 반짝반짝 빛나고 있습니다.

우선 달팽이는 연체동물입니다. 뼈대 없는 몸으로 살아가는 존재지요. 뼈대 없는 집안이긴 하지만 등 위에 단단한 집이 있으니, 이보다 실용적인 생존 전략이 또 있을까요?
칼슘으로 만들어진 껍데기는 달팽이에게 천연 방패이자 아늑한 침실 같은 곳입니다. 겉보기에는 소박해 보여도 이 작은 집 안에서 달팽이는 안전하게 꿈꾸고 쉽니다.

달팽이를 자세히 살펴보면 머리에 기다란 촉수 두 개와 짧은 촉수 두 개가 보이는데, 긴 촉수는 망원경 같은 눈을 달고 있고, 짧은 촉수는 정교한 더듬이 역할을 합니다. 달팽이에게 '안녕!' 하고 가볍게 톡 건드리면? 그 촉수들이 쏙 들어가는 게 무척 귀엽죠?

더 놀라운 사실 하나!
 달팽이는 먹은 음식 색소를 분해하지 못하기 때문에, 먹은 것의 색깔 그대로 '배설물'에 드러납니다. 빨간 먹이를 먹으면 빨간 똥, 노란 먹이를 먹으면 노란 똥… 이런 식으로요. 마치 작은 예술가가 팔레트에 물감을 죽죽 짜 놓은 것 같지 않을까요?
 혹시 달팽이가 무지개떡을 먹으면 진짜로 무지개 똥을 누게 될까요? 상상만으로도 귀엽고 신기한 광경입니다.

달팽이는 자웅동체, 즉 암컷과 수컷 생식기를 모두 가지고 있습니다. 그렇다면 '혼자 번식하나?' 하고 궁금해지는데, 달팽이는 반드시 다른 달팽이와 교류하며 새로운 생명을 얻습니다.
 게다가 짝짓기를 할 때는 '연시(戀矢)'라는 화살을 사용합니다. 그 화살은 큐피드의 화살처럼 서로의 몸을 콕콕 찌르며 애정을 확인하는 역할을 합니다. 연시로 자극을 받은 암컷은 생식공을 열어 수컷을 받아들일 준비를 하게 되는 거지요. 사랑의 언어가 '화살'이라니, 이토록 로맨틱이면서도 독특한 사랑 방식이 또 있을까요? 달팽이의 사랑이 끝난 자리엔 실제로 바늘처럼 작은 화살이 떨어져 있기도 합니다.

짝짓기가 끝나면 달팽이는 촉촉한 흙 속에 알을 낳고, 작은 달팽이들이 태어납니다. 달팽이는 태어날 때부터 이미 모든 특징을 갖추고 나옵니다. 쌀알만큼 작은 몸에 집도 있고 더듬이도 있죠. 마치 완벽한 미니어처 같습니다.

달팽이는 습하고 그늘진 곳을 좋아해서 숲, 정원, 논밭 어디든 찾아갈 수 있습니다. 낮에는 쉬고 밤에 부지런히 활동하는 야행성이라, 깊은 밤 숲길을 걷는 분이라면 달팽이들이 여기저기서 조용히 움직이며 밤을 누비는 모습을 볼지도 몰라요.

너무 덥거나 환경이 좋지 않을 때, 달팽이는 휴면 상태에 들어갑니다. 이때 달팽이는 몸을 껍질 안으로 완전히 숨기고, 입구를 점액으로 덮어 일종의 보호막을 형성합니다. 이 보호막은 수분 증발을 막고, 외부의 열이나 건조한 환경으로부터 몸을 지켜 주는 역할을 하죠.

특히 여름철이 되면 고온과 건조함을 피하기 위해 스스로 긴 휴식에 들어가는데, 이를 '여름잠(하면 · 夏眠)'이라고 부릅니다. 반대로 겨울철에는 겨울잠(동면 · 冬眠) 상태에 들어갑니다.

재미있는 점은, 달팽이는 적절한 습도와 온도가 다시 공급되면 다시 천천히 깨어난다는 것입니다. 마치 "벌써 출근 시간이야?" 하며 비몽사몽 깨어나는 직장인처럼, 여름잠에 든 달팽이에게 물 한 방울을 뿌려 주면 서서히 보호막이 녹아 다시 활동을 시작합니다.

이런 독특한 생존 방식 덕분에 달팽이는 길고 건조한 여름을 버틸 수 있으며, 습도가 중요한 환경에서 살아가는 특성을 잘 보여 주는 동물입니다.

달팽이의 주식은 주로 나뭇잎, 과일, 채소 등이며 가끔은 곰팡이나 토양 속의 미생물이나 부식질까지도 먹습니다. 자연 속에서 이렇게 다양한 음식을 섭렵하며 분해자 역할까지 톡톡히 해내니, 생태계의 숨은 일꾼이라 불릴 만하죠.

"이 작은 몸으로?"

라고 놀랄 수도 있지만, 달팽이는 크기와 상관없이 자기의 일을 묵묵히 해내는 모범적인 생명체입니다.

그렇다면 달팽이는 천적을 만나면 어떻게 할까요? 바로 껍데기 안으로 쏙 들어가 몸을 숨기고, 점액을 분비해 상대를 당황스럽게 만듭니다. 이 점액, 단지 방어 도구가 아닙니다. 이동할 때 윤활유 역할도 하고, 심지어 날카로운 칼날 위를 지나갈 때도 피부를 지켜 주는 보디가드 역할까지 하죠.

이 놀라운 점액이 뷰티 산업으로 진출했다는 사실, 알고 있었나요? 상처 치유와 피부 개선에 쓰이는 이 점액 덕분에, 달팽이는 오늘날 피부 관리의 숨은 공로자로 자리 잡았습니다. 여러분의 스킨 케어 제품에 그들의 흔적이 있을지도 모릅니다. 은근히 열일 중인 친구들이죠.

무엇보다도 달팽이는 '느림의 미학'을 몸소 보여 주는 대표적인 생명체입니다. 흔히 말하는 '달팽이처럼 느리지만 꾸준히'라는 표현도 괜히 나온 것이 아닙니다. 달팽이는 서두르지 않고 천천히, 그러나 한 걸음 한 걸음 확실히 내딛으며 우리에게 중요한 메시지를 전합니다. 그것은 바로, 속도보다 더 중요한 것은 방향이라는 사실입니다. 달팽이는 자신의 속도로, 자신만의 꿈을 향해 천천히 나아갑니다.

물론, 달팽이를 가만히 보고 있으면 '아니, 저러다 날 새겠네?' 하는 답답함이 들 수도 있습니다. 하지만 달팽이는 속으로 이렇게 말하고 있을지 모릅니다.

'우리가 느린 이유? 주변을 찬찬히 살피며 삶의 디테일을 즐기고 있기 때문이야!'

생각해 보면, 이들의 느린 걸음 안에는 우리가 놓치고 있는 여유와 인내의 가치가 담겨 있을 수도 있습니다. 달팽이의 속도는 마치 자연이 우리에게 이렇게 속삭이는 것 같습니다.

"멈춰, 좀 쉬어 가! 앞만 보지 말고 주변도 봐 봐!"

작은 악취 요정, 노린재

오늘은 냄새 덕분에 한 번 만나면 절대 잊기 힘든 존재, 노린재에 대해 이야기해 보려 합니다.

혹시 노린재를 손으로 잡아 본 적 있나요? 만약 그렇다면, 그 독특한 냄새를 아직도 생생히 기억하고 계실지도 모릅니다. 이름도 '노린내 나는 벌레'에서 유래했을 정도니, 이 작은 곤충이 얼마나 강렬한 존재감을 가지고 있는지 짐작이 가시죠?

노린재는 크지 않은 몸집과 방패를 닮은 독특한 모양을 하고 있습니다. 처음 보는 사람에겐 작고 귀여운 벌레처럼 보일 수도 있는데요, 하지만 그 냄새를 맡는 순간,

"아, 이래서 노린재구나!"

하고 단번에 고개를 끄덕이게 됩니다. 이 냄새는 불쾌할 뿐 아니라 코끝에 강렬한 인상을 남기며 기억 속에도 오래오래 자리 잡는 특징이 있습니다. 이처럼 노린재는 작고 평범해 보이지만, 그 냄새 만큼은 누구에게도 뒤지지 않는 강렬한 매력을 지닌 곤충입니다.

노린재는 전 세계 곳곳에 퍼져 농작물에 막대한 피해를 주어 악명이 높기도 하고, 화려한 무늬와 독특한 외형 덕분에 사람들의 눈길을 사로잡기도 합니다.

그중에서도 특히 눈길을 사로잡는 것이 바로 인면 노린재입니다. 이 노린재는 방패 모양의 등껍질에 사람 얼굴을 닮은 듯한 독특한 무늬를 지니고 있어 많은 이들에게 신기함과 놀라움을 선사하죠. 이 무늬가 정말 사람의 얼굴을 흉내 낸 것인지, 아니면 우연히 그렇게 보이는 것인지를 두고 의견이 분분하지만, 그 답은 여전히 자연의 신비로 남아 있습니다.

이처럼 노린재는 냄새뿐 아니라, 그 모습과 역할에서 다양한 이야기를 품고 있는 자연의 신비라 할 수 있습니다. 물론, 아무리 외모가 독특하거나 예쁘다 해도 냄새만큼은 예외가 없다는 점은 기억하셔야 합니다.

일단 노린재라는 이름부터가 '노린내 나는 벌레'에서 유래했을 정도로, 그 향기가 아주 심오합니다. 영어 이름도 멋들어지게 '스팅크 버그(Stink Bug)'! 네, 번역이랍시고 꾸며 볼 필요도 없이, 그냥 '악취 벌레'입니다.

이쯤 되면 노린재의 존재 의의가 궁금하실 텐데, 이 친구들이 또 생태계 안에서는 나름의 역할을 합니다. 육식성 노린재 중에는 진딧물을 잡아먹어 농작물 보호에 도움을 주는 녀석들도 있어요. 그런데 우리 곁에 슬그머니 스며들어 과일이나 채소즙을 빼먹는 애들은 반가울 리가 없죠.

사실 노린재라고 해서 전부 똑같은 건 아닙니다. 저마다 생김새나 특징이 조금씩 다른데요, 대표적으로 갈색날개노린재는 말 그대로 '전 세계를 여행하는 악취단'이라 불러도 될 만큼 여기저기 돌아다니며 농작물에 큰 피해를 끼치곤 합니다. 그 때문인지 공항이나 항만에서 이 녀석이 컨테이너나 화물에 붙어 입국하지 못하도록 검역이 매우 엄격해졌죠.

그에 비해 대왕노린재나 광대노린재 같은 종들은 무늬가 굉장히 아름답습니다. 실제로 보면 인테리어 소품으로 보일 정도로 예쁘고, 귀엽게도 보이거든요. 하지만 방심은 금물! 아무리 외모가 화려해도, 노린재라는 타이틀은 노린내를 품고 있다는 뜻이니까요. 즉, 결국엔 그 강렬한 악취를 뿜어내니, 처음부터 너무 마음을 열어 주셨다간 코가 혹독한 대가를 치르게 될지도 모릅니다.

여기서 조심해야 할 상황 하나!
여름철과 가을철에, 뽕나무에서 달고 맛있는 오디를 따다 보면 한 움큼 쥐고 입에 털어 넣는 분들도 계시죠. 이때 만약 "어?" 하는 순간에 노린재가 같이 입에 들어왔다면…? 아마 상상하시는 그 이상으로 끔찍할 겁니다. 아무리 달콤한 오디라 해도, 노린재 특유의 악취가 그 혀끝과 콧속을 파고드는 순간, 이건 극강의 합작품이 됩니다. 그러면 일주일간,

"이 빌어먹을 냄새가 왜 안 없어져!"

하고 괴로워하실 수도 있어요, 정말로. 그 꿉꿉하고 매캐한 냄새가 좀처럼 사라지지 않거든요. 그런 의미에서 노린재와의 샌드위치는 일생일대 최악의 맛집 경험이 될 겁니다. 꼭 주의하세요.

노린재를 퇴치할 때도 한 가지 꿀팁을 드리겠습니다. 무심코 손바닥으로 '찰싹!' 했다가는 뜨거운 후회가 찾아올 수 있습니다. 그럼 어떻게 하냐고요? 휴지나 종이컵 같은 데에 슬쩍 담아서 바깥으로 배웅해 주시는 게 그나마 인류애를 지키며 냄새 폭탄도 피하는 길입니다.

혹시 "에이, 그냥 라이터 불로 지지면 안 되나?"라고 생각하셨다면, 해외에서 실제로 노린재 태우려다 집에 불난 사례도 있다 하니 자중 부탁드립니다. 냄새는 지옥문을 여는 열쇠일 뿐 아니라, 진짜로 집도 함께 태워 버릴 수 있으니까요. 괜히 뉴스에 나오면 안 됩니다.

이처럼 우리 곁에 존재하는 노린재는 한번 알면 알수록 신기하기도 하고, 냄새 때문에 얄밉기도 한 곤충입니다. 하지만 저마다 생태계에서의 역할이 있고, 그저 우리가 눈치 못 채는 사이에 억울하게 짓밟히거나 먹히고(?) 있는지도 모릅니다. 그렇다고 노린재가 맛있는 건 아니니 절대 시도하지 않는 편이 좋아요. 자칫 '노린재 테이스팅'이 인생의 흑역사가 될 수 있거든요.

오늘 이야기, 좀 유쾌하면서도 징그러웠을 수도 있는데요, 그래도 마지막에 한 가지 약속만 해 봅시다. 오디 드실 땐 반드시 한 번 확인하시고, 노린재 만나면 사뿐히, 공손히 밖으로 안내해 주시길 바랍니다. 평화로운 우리 삶과, 코 건강을 위해서 말이죠.

오늘 준비한 노린재 이야기, 여기서 마무리 짓겠습니다. 다들 코 조심, 입 조심하시고, 즐거운 하루 되세요!

놀라운 위장 쇼의 대가, 대벌레

오늘은 곤충계에서 가장 놀라운 '위장 쇼'를 펼치는 친구, 바로 대벌레를 소개하려 합니다.

혹시 '대벌레'라는 이름을 듣고, 거대한 다리를 휘저으며 무섭게 달려오는 벌레를 떠올리셨나요? 그럴 법도 합니다. 이름에 '대(大)' 자가 들어가 있으니 크기를 떠올리기 쉽지요. 하지만 '대벌레'라는 이름은 몸집이 크기 때문이 아니라 그 독특한 생김새에서 유래되었다고 합니다. 몸에 마디가 있어 마치 대나무를 연상시키기 때문에 대벌레라 불리게 되었다고 하네요.

실제로 대벌레를 만나 보면, 그 모습은 무섭다기보다는 오히려 신기하고 독특합니다. 마치 말라비틀어진 막대기가 슬그머니 움직이는 것 같아서, 눈앞에 있어도 곤충인지 나뭇가지인지 헷갈리곤 하죠.

어느 날 숲속이나 뒷마당에서 웬 가느다란 막대기 하나가 바람도 없는데 꿈틀거린다 싶어 자세히 보면, 이미 얘는 나뭇가지처럼 꼼짝 않고 서 있습니다. 이쯤 되면 "내가 뭘 본 거지?" 하고 눈을 비비게 되죠. 이렇게 대벌레는 너무 자연스럽게 숲속 풍경에 녹아들어서,

마치 스스로 사실 "저 곤충이에요!" 하고 먼저 커밍아웃하기 전에는 알아채기 어렵습니다.

영어 이름인 '워킹 스틱(Walking Stick)'도 그 독특한 특징을 그대로 반영하고 있습니다. '걷는 막대기'라는 뜻인데, 나뭇가지와 꼭 닮은 외형과 움직임이 이 곤충의 가장 큰 특징이자 생존 전략임을 잘 보여 주죠. 이 모습을 보면 떠오르는 말이 있습니다.

"신이 약한 생명들에게는 주변에 스며들 수 있는 능력을 주셨다."

주변에 맞춰 몸 색깔을 변화시키는, 개구리나 메뚜기, 카멜레온과 같은 생물체들을 보면 쉽게 이해가 될 겁니다. 그것은 능력이라기보다 어쩌면 약하기 때문에 주변에 흡수되는 것이라고 해야 옳겠죠.

'나는 나무다'라는 신념을 지닌 대벌레는 이 커다란 이름과는 달리, 대개 7~10㎝ 정도의 크기입니다. 물론 세계 최대 종은 무려 30㎝가 넘으니, '대(大)' 자가 붙을 만도 하죠. 문제는 이 길쭉한 몸이 숲속이나 관목지대에서는 정말 흔한 '나뭇가지'와 구분이 어렵다는 겁니다. 그냥 지나치면 아예 눈치채지 못하고 지나가기 일쑤예요.

그러다가 위급 상황이 오면, 평소엔 바짝 접어 둔 날개를 "짜잔!" 하고 펼치기도 합니다. 마치 마술사가 허공에서 리본을 꺼내는 것처럼 말이죠.

대벌레는 또 엄청난 인내심으로도 유명합니다. 조금만 위험한 기운이 감지되어도 재빠르게 도망가거나 격렬하게 반항하기보다, 우뚝 멈춰서 진짜 나무가 되는 작전을 펼칩니다. 때로는 몸을 좌우로 살랑거리며 바람에 흔들리는 나뭇가지인 척, 완벽한 연기까지 선보이기도 하죠. 보는 사람 입장에서는 "저 녀석이 최면이라도 거나?" 싶을 만큼 자연스러운 장면입니다.

사실, 대벌레를 직접 키워 보면 그 매력을 더 깊이 느낄 수 있습니다. 플라스틱 통에 나뭇가지 몇 개, 그리고 먹잇감이 될 잎사귀만 있으면 사육이 가능하거든요. 특별히 울거나 보채는 것도 없고, 느릿느릿 움직이니 크게 신경 쓸 일도 없습니다. 다만,

'저렇게 느린데 설마 탈출까지야 하겠어?'

하고 문을 열어 둔 채 방심했다가는 어느새 사라져 버리기도 하니, 은근한 추진력을 무시하면 안 됩니다.

가끔 사육장 유리에 찰싹 붙어 멍하니 있는 모습을 보면, 묘하게 힐링 되는 기분도 듭니다. 요가 자세를 잡고 심호흡하는 것처럼, 혼자만의 세계에 빠져 있는 것 같달까요? 다만, 전혀 움직이지 않아서 '숨은 쉬고 있나?' 하는 걱정이 들기도 하지만, 잠시 후 슬쩍 꿈틀하며 "나 아직 살아 있음!" 하고 존재감을 알릴 겁니다.

게다가 이 친구들은 사람을 물거나 크게 위협하는 일은 거의 없습니다. 여러 마리를 한 통에 넣어 둬도 서로 트러블을 일으키지도 않고, 각자 조용히 은신처를 찾아 숨어 있다가 느긋하게 지냅니다.

결국, 우리가 '그저 막대기'라고 생각했던 존재가 사실은 생생한 곤충이었다는 걸 깨닫게 되면, 그리고 곤충이라고 생각했던 존재가 막대기로 변하는 걸 보면,

"아, 정말 이 세상엔 별의별 생명체가 다 있구나!"

하며 새삼스러운 감탄을 하게 됩니다. 대벌레는 분명 매우 느리고 소심한 곤충이지만, 그럼에도 불쑥 드러나는 순간만큼은 누구보다도 독특하고 매력적인 모습을 보여 줍니다.

혹시 지금 발밑에 조그만 나뭇가지가 바람도 불지 않는데 살짝 흔들리는 것처럼 보이나요? 그렇다면 조금 더 따뜻한 시선으로 바라봐 주세요. 대벌레를 만났다면, 잠시 바쁜 일상을 내려놓고 천천히 숨을 고르는 것도 좋습니다. 대벌레처럼,

"나는 나무다, 나는 나무다…."

하고 마음을 가라앉히다 보면, 우리도 잠시나마 나무로 변한 듯한 고요함을 느낄 수 있을지 모릅니다.

빨간 망토 히어로, 무당벌레

무당벌레라는 이름에는 어쩐지 '신비로운 주술사'의 이미지가 겹쳐집니다. 마치 빨간 의상을 차려입고, 손에 작은 방울이라도 들고 주문을 외우며 날아오를 것만 같은 상상이 펼쳐지곤 하죠.

하지만 정작 이 깜찍한 곤충은 주술보다는 귀여운 외모와 은근한 깡으로 우리 주변을 신나게 누비고 다니는 명랑한 존재라는 사실, 알고 보면 의외죠. 그 독특한 빨간 콩깍지 날개와 앙증맞은 점무늬는 전 세계적으로 사랑받는 모습인데, 그래서인지 무당벌레 한 마리가 다가오면 괜스레 기분이 좋아지는 건 어쩔 수 없습니다.

먼저, 그 둥글고 빨간 몸체는 콩깍지처럼 반질반질한 겉날개가 싹 덮고 있습니다. 덕분에 '레이디버그(ladybug)'나 '레이디버드(ladybird)'라는 이름으로도 불리는데, 외국에서는 이 작은 곤충을 두고 행운의 상징이라며 반가워하는 사람이 많아요. 실제로 정원에서 무당벌레 한 마리가 날아들면,

"오! 오늘 운이 좋으려나?"

하고 미소가 번진다고 합니다. 반면, 벌레를 싫어하는 분들은 "냄새 나는 딱정벌레가 대체 뭐가 귀여워?" 하며 고개를 절레절레하기도 하지만요.

재미난 건, 이 무당벌레가 몸집에 비해 굉장히 용맹스럽다는 점입니다. 가끔씩 덩치 큰 벌레나 새가 덤벼도, 붉고 검은 경고색을 내세워 "나 독하거든!"이라고 호언장담을 하는 거죠. 실제로는 독성 성분이 아주 강력한 건 아니지만, 겉날개 틈새에서 스멀스멀 풍기는 냄새가 제법 대단합니다. 절대적으로 좋은 향이라곤 할 수 없어서, 포식자 입장에선 "에이, 맛대가리 없을 것 같네!" 하며 뒤로 물러설 수밖에 없을 겁니다.

물론 거미줄에 걸려 꼼짝 못 하게 되면 어쩔 수 없이 거미의 먹이가 되기도 합니다. 하지만 이마저도 거미가 무당벌레에서 풍기는 역한 냄새를 못 견디고 그냥 버리는 경우도 있죠. 우리가 홍어를 두고 호불호가 극명하게 갈리듯, 무당벌레를 향한 천적들의 반응도 제각각인 모양입니다.

또 하나 재미있는 사실은, 무당벌레들은 겨울잠을 잘 때 '단체 숙박'이라도 예약한 듯, 수십 마리에서 많게는 수백 마리가 한꺼번에 우글우글 모여서 잠을 청한다는 겁니다.

이 광경을 처음 보면, 마치 우주선에 모여든 외계 생명체 군단을 목격한 듯한 묘한 전율이 느껴지기도 하죠. 실제로 구석진 바위틈이나 창틀 안쪽에 다닥다닥 붙어 있는 무당벌레 무리를 발견하면, "설마 이거 전부 무당벌레야?" 하고 눈을 의심하기 딱 좋습니다.

하지만 녀석들 입장에선 꽤 합리적인 선택인 셈입니다. 겨울잠을 위해 따뜻한 보금자리를 찾아다니는 과정에서,

"그래, 여기 안전해 보이네.
다들 한곳에 뭉쳐서 든든하게 자자!"

하고 약속이라도 한 듯 모여드는 거니까요. 한두 마리만 있을 때는 '조그만 게 되게 귀엽네.' 하고 넘길 수 있지만, 어느 날 갑자기 창틀이 빨간 콩깍지 군단으로 도배돼 있는 걸 본다면, 그야말로 이 무슨 초현실 영화인가, 싶을 겁니다.

어찌 보면 이 단체 숙박은 무당벌레들만의 밤샘 파티 같기도 합니다. 물론, 우리가 구경하기엔 살짝 당황스러울 수 있지만, 알고 보면 이 '우글우글 모임' 덕분에 더 안전하고 따뜻하게 겨울을 날 수 있는 거겠죠. 괜히 군중심리라는 말이 있는 게 아니랍니다. 무당벌레 세계에서도, 자기들끼리 똘똘 뭉치면 든든해지는 건 매한가지니까요.

무당벌레는 같은 종이라도 딱지날개(겉날개)의 변이가 심해, 서로 다른 종처럼 보일 때가 많습니다. 이 때문에 종이 다른 무당벌레들이 엉뚱하게 짝짓기를 시도하는 건 아닐까, 하고 웃음 지을 법도 하죠. 호화로운 외모만큼이나 맛과 냄새가 고약해서, 새들도 웬만하면 사냥하지 않는다는 사실도 재밌습니다.

게다가 무당벌레 한 마리가 한 해 동안 무려 5천 마리가 넘는 진딧물을 해치우는 생물학적 방제 '슈퍼스타'라는 점에서, 농부들 사이에선 그야말로 빨간 망토 히어로가 아닐 수 없답니다.

물론, 무당벌레의 천적이 전혀 없는 건 아닌데요. 바로 기생말벌(Dinocampus coccinellae)이 그 주인공입니다. 이 말벌이 무당벌레 몸에 슬쩍 알을 낳으면, 깨어난 유충이 무당벌레 내부를 파먹고 자라나죠. 더 무서운 건 무당벌레가 좀비 상태로 살아 있으면서, 말벌의 번데기를 지켜 준다는 겁니다. 그러다 말벌 유충이 성충이 되어 날아간 뒤에도, 당분간은 포식자로부터 번데기를 지키기 위한 '좀비 방어 행동'을 멈추지 못한다고 해요.

그럼에도 놀라운 건, 그렇게 신체를 강탈당하고도 약 25%는 살아남는 '강인한 귀부인 벌레'가 존재한다는 사실이죠. 이처럼 무당벌레의 삶은 영화보다 더 극적인 이야기를 담고 있어, 더욱 매력적으로 느껴지는지도 모릅니다.

물론 우리 눈에 사랑스럽기 그지없는 무당벌레도, 때론 한시도 쉬지 않고 진딧물을 해치우는 '작은 정원 지킴이' 역할을 합니다. 농부나 정원사 입장에서는 천군만마를 얻은 기분이라고 할까요? 그 덕에,

"무당벌레가 찾아오면 병충해가 줄어든다!"

라며 환호성을 지르는 분들도 계십니다. 그래서일까요, 어딘가에

서 무당벌레를 만날 때면, 왠지 모르게 "제 텃밭도 좀 부탁해요!" 하고 속삭이고 싶어집니다.

결국, 무당벌레는 작고 둥글고 사랑스러운 외모 속에 강단과 용기를 품은 매력적인 곤충입니다. 빨간 콩깍지 같은 겉날개 아래 숨겨진 은근한 경고, 우글우글 떼 지어 겨울잠을 자는 신비로운 생활 방식, 그리고 정원에서 바쁘게 활약하는 모습까지— 이 모든 매력이 어우러져 우리는 무당벌레를 보면 자연스레 미소 짓게 됩니다.

다음에 또 어디선가 이 콩깍지 친구를 마주친다면, 잠시 멈춰서 그 예쁜 겉날개에 담긴 작은 우주를 들여다보시는 건 어떨까요? 분명 짧지만 따뜻한 미소의 순간이 될 겁니다.

기도하는 닌자, 사마귀

사마귀는 이름만 들어도 호기심을 자극하는 곤충입니다. '사마귀'라는 이름이 언제, 어떻게 생겨났는지는 정확히 알려져 있지 않지만, 독특한 외형이나 민첩한 움직임을 묘사한 소리가 반영되었을 가능성이 큽니다.

일본어 '가마키리(カマキリ)'에서 유래했다는 설도 있지만, 이를 뒷받침할 만한 명확한 근거는 부족합니다. 또한, 지역에 따라 '버마재비'나 '오줌싸개'로 불리기도 하는데, 이는 사마귀가 범처럼 앞발을 벌려 사냥하거나, 위협을 받을 때 배설물을 내보내는 행동에서 유래된 것으로 보입니다.

정확한 어원을 단정하기는 어렵지만, 사마귀가 사람들 생활 가까이에서 친숙한 곤충으로 자리 잡으며, 여러 민간 어원이 전해지다가 지금의 '사마귀'라는 이름으로 정착했을 가능성이 높다고 할 수 있습니다.

영어로는 '프레잉 맨티스(Praying Mantis)'라 불립니다. 두 앞발을 가지런히 모은 모습이 마치 기도하는 것처럼 보이기 때문이죠. 하지만 사마귀는 방금 그 기도하는 앞발로 베짱이의 목을 날려 버렸습니다. 이쯤 되면 기도하는 곤충이라기보다는 차라리 기도하는 닌자라는 별명이 더 어울릴지도 모르겠습니다.

사마귀의 앞발은 생존의 필수 도구입니다. 앞발의 가시와 강력한 힘 덕분에 파리나 나비 같은 작은 곤충은 물론이고, 작은 도마뱀이나 벌새까지도 제압할 수 있죠.

이들의 사냥 방식은 한마디로 완벽하게 최적화된 전략이라 할 수 있습니다. 숨어 있다가 순간적으로 공격하거나, 목표를 발견하면 따라가서 정확히 타격하는 등 그 방식은 매우 치밀합니다. 특히, 앞발을 뻗어 먹이를 잡는 데 걸리는 시간은 단 0.25초에 불과하다고 합니다. 이 놀라운 속도와 정확성은 사마귀가 곤충계에서 닌자로 불릴 만한 이유를 잘 보여 줍니다.

사마귀는 곤충 중에서도 외모가 귀여운 편에 속합니다. 뭔가 포유류의 손처럼 보이는 앞발과 깨끗한 풀잎 색의 몸, 동그란 눈은 사람들에게 친근한 인상을 줍니다.

익충으로 분류되어 인식도 좋은 편이며, 그래서 애완용으로 키우는 경우도 있죠. 사육 상태에서 키울 경우 최대 1년까지 살 수 있지만, 자연 상태에서는 평균 수명이 7~8개월로 풀벌레 중에서는 긴 편에 속합니다.

사마귀는 외모를 단장하는 데도 많은 시간을 들입니다. 틈만 나면 입으로 다리와 발을 손질하며 깔끔하게 치장하는 모습은 마치 고양이를 연상케 하죠.

사마귀는 먹이를 잡기 위해 다리와 발을 사용합니다. 이 과정에서 먹이의 잔여물이나 먼지 등이 묻을 수 있기 때문에 이를 제거하기 위해 입으로 다리와 발을 손질하여 청결을 유지합니다. 이를테면 농부가 수시로 숫돌에 낫을 가는 것과 같은 이유라고 보면 됩니다.

또한 사마귀의 다리와 발에는 미세한 털과 감각 기관이 있습니다. 이 부분들을 깨끗이 유지함으로써 주변 환경을 더 잘 감지하고, 먹이를 효과적으로 잡을 수 있기 때문입니다.

이런 귀여운 모습과는 다르게, 사마귀는 매우 공격적인 성격을 지니고 있습니다. 특히 대형종인 왕사마귀는 겁이 없어서 자신보다 훨씬 큰 새나 뱀 같은 동물에게도 기세등등한 위협 자세를 취합니다. 자기보다 큰 상대를 만나면 날개를 펴서 몸을 크게 보이게 하고, 적극적으로 방어 자세를 취합니다.

이런 모습 때문에 "당랑거철(螳螂拒轍)"이라는 고사성어도 탄생했죠. 이 표현은 원래 사마귀가 수레를 멈추려 한다는 의미로, 거대한 장애물에 맞서 당당히 도전하는 정신을 상징합니다. 하지만 동시에 지나치게 터무니없거나 무모한 도전을 의미하는 말로도 자주 사용됩니다.

사마귀의 짝짓기는 '성적(性的) 동족포식(Sexual Cannibalism)'이라는 독특한 현상으로 유명합니다. 짝짓기가 이루어지면 암컷이 수컷의 머리나 몸통을 잡아먹는 모습이 목격되는데, 이는 단지 암컷이 포악해서가 아니라 새끼를 키울 영양분을 확보하기 위한 본능적인 생존 전략으로 해석됩니다.

 수컷도 이러한 위험을 알고 있음에도 불구하고 번식을 위해 암컷에게 접근한다는 점이 흥미롭습니다. 실제 연구에 따르면 수컷은 암컷의 시야를 피하거나, 뒤쪽에서 몰래 접근하는 등 다양한 방식으로 생존 가능성을 높이려 노력합니다. 하지만 번식 성공률을 높이기 위해 결국 위험을 감수하고 암컷에게 다가가는 것이죠.

 곤충은 머리에 뇌가 있지만, 몸의 각 마디마다 뇌와 비슷한 역할을 하는 '신경절'이라는 기관이 있습니다. 사마귀 수컷이 암컷에게 다가갈 때, 두 가지 상반된 명령이 동시에 일어납니다.

"짝짓기를 해서 자손을 남겨라."
"암컷에게 잡아먹힐 수 있으니 어서 도망가라."

 하나는 "짝짓기를 해서 자손을 남기라"는 생식기 쪽의 신경절의 명령이고, 다른 하나는 "암컷에게 잡아먹힐 수 있으니 어서 도망가라"는 뇌의 명령이죠. 이 두 명령이 충돌하면서 수컷은 도망갈지, 짝짓기를 계속할지 갈등하게 됩니다.

 그런데 사마귀 암컷은 수컷보다 훨씬 크고 사냥을 잘하는 데다 매우 공격적입니다. 그래서 수컷이 우왕좌왕하는 사이, 암컷은 "도망가라"는 명령을 내리던 수컷의 머리를 먹어 버립니다. 이렇게 한 방에 수컷의 갈등을 해결하고 나서 결국 무사히 짝짓기를 마칠 수 있게 되는 거예요.

또 다른 사실은, 암컷이 배가 부르고 영양 상태가 좋다면 수컷을 잡아먹지 않고 무사히 짝짓기를 마칠 때도 종종 있다는 점입니다. 그러나 짝짓기 과정에서 '암컷이 수컷을 먹는다'는 이미지가 워낙 강렬하기에, 사마귀 하면 으레 떠오르는 대표적인 장면이 되었죠.

이처럼 수컷 사마귀의 행위는 위험을 무릅쓴 선택이고, 암컷 사마귀에게는 생존과 번식의 필수 전략입니다. 그래서 이들의 짝짓기는 당랑거철처럼 용기와 무모함 사이의 경계를 아슬아슬하게 넘나들죠.

사마귀는 사냥 방식뿐만 아니라 위장술로도 유명합니다. 꽃처럼 변하여 곤충을 유인하거나, 풀잎 사이에 몸을 숨기고 먹이를 기다리는 모습은 그야말로 자연의 예술입니다. 사냥을 실행하는 순간의 모습은 치밀하고 정교하며, 포식자로서의 뛰어난 능력을 여실히 보여줍니다.

사마귀의 사냥은 놀라울 만큼 치밀하고 다채롭습니다. 우선 사냥감이 시야에 들어오면, 사마귀는 풀잎이나 줄기에 몸을 낮추어 천천히 움직이며 자신을 주변 환경에 녹아들게 합니다. 이때 머리를 자유롭게 회전시키면서 목표물의 위치, 거리, 각도를 예리하게 계산하죠. 한눈에 보기엔 느릿느릿해 보이지만, 이는 전부 목표물을 방심시키기 위한 '정교한 잠복'의 일환입니다.

그리고 먹잇감이 충분히 가까워져 도망칠 틈이 없다고 판단되는 순간, 사마귀는 번개처럼 날카로운 앞발을 뻗어 순식간에 먹잇감을 붙잡습니다. 앞발에는 빗장처럼 생긴 가시가 나 있어 한번 걸리면 쉽사리 빠져나오기 어렵습니다.

이어 사마귀는 앞발로 단단히 고정한 뒤, 강한 턱을 이용해 먹잇감을 먹기 시작합니다. 이러한 일련의 과정은 사마귀가 오랜 진화 과정을 거치며 얼마나 정교하고 효율적인 생존 전략을 완성해 왔는지를 명명하게 보여 줍니다.

사마귀는 생태계에서 중요한 역할을 합니다. 곤충 개체 수를 조절하는 자연의 균형추 역할을 하죠. 그러나 현대의 살충제 사용과 환경 변화로 인해 사마귀의 개체 수가 감소하고 있어, 보존 노력이 필요합니다.

사마귀는 연가시와의 독특한 관계를 통해 자연의 복잡성과 섬세한 균형을 잘 보여 줍니다. 연가시는 기다란 철사를 닮은 기생충으로, 사마귀의 몸에 기생하며 자신이 성숙할 때까지 사마귀의 내부에서 자랍니다.

성숙한 연가시는 번식을 위해 반드시 물로 가야 하기에, 사마귀를 조종해 물가로 유도하는 능력을 보여 줍니다. 연가시는 신경과 행동에 영향을 미쳐 사마귀가 스스로 물속으로 뛰어들게 만듭니다. 이를 통해 연가시는 물속으로 빠져나와 번식의 기회를 얻는 것이죠.

그러나 현대에 들어와 인간이 만들어 낸 인공 환경은 이 관계에 뜻하지 않은 변화를 가져왔습니다. 아스팔트나 금속 표면이 햇빛을 강하게 반사하며, 이를 물로 착각한 연가시 감염 사마귀들이 잘못된 방향으로 뛰어드는 일이 빈번하게 일어나고 있습니다. 사마귀는 물이 아닌 단단한 아스팔트 위로 떨어지며 생을 마감하고, 연가시 역시 번식할 수 없는 환경에 놓여 생존이 불가능해지는 결과를 초래합니다.

이 사례는 인간이 만든 환경 변화가 자연의 섬세한 균형에 어떤 영향을 미치는지를 보여 주는 경고로 다가옵니다. 인공적인 빛 반사와 같은 미세한 변화조차도 특정 생태계에 큰 혼란을 가져올 수 있음을 시사하며, 우리가 자연과 환경을 대하는 태도에 대해 다시 한번 생각해 보게 만듭니다.

생존을 위한 진딧물의 치열한 삶

여러분, 진딧물 하면 뭐가 떠오르나요?

"으, 그 징그러운 해충?"

이렇게 생각하시죠? 맞아요, 흔히 해충으로 불리는 곤충입니다. 하지만 오늘은 이 작은 곤충이 얼마나 놀라운 생명체인지 이야기해 볼까 합니다. 알고 보면 진딧물도 꽤 매력적인 존재입니다.

진딧물은 크기가 보통 1~5㎜ 정도로 아주 작습니다. 하지만, 그 작은 몸을 얕보면 오산입니다. 머리, 다리, 입 등 필요한 모든 걸 갖춘 데다, 특별한 능력까지 겸비하고 있으니까요.

진딧물의 몸은 부드럽고 타원형으로, 마치 작고 앙증맞은 배를 닮았는데요. 색깔은 초록색, 검은색, 노란색은 기본이고, 분홍빛을 띠는 진딧물도 있습니다.

게다가 어떤 친구들은 몸에서 왁스 같은 물질을 분비해서 온몸이 뽀얗게 덮이기도 하는데, 이 모습은 마치 진딧물 세계의 셀럽이라도 된 듯 특별해 보입니다.

여기서 잠깐! 왁스를 분비하는 이유가 뭘까요? 바로 자신을 보호하려는 겁니다.

"나는 그냥 평범한 곤충이 아니야!"

라고 스스로를 무장하는 거죠.
진딧물은 식물의 즙을 먹고 삽니다. 그런데 이 즙을 빨아 먹으려면 특별한 도구가 필요하겠죠? 진딧물은 긴 구침(빨대 같은 입)을 가지고 있어요. 이걸로 식물 조직에 구멍을 내고 즙을 빨아 먹습니다.
상상해 보세요. 눈에 잘 보이지도 않는 작은 곤충이 단단한 나무나 줄기를 뚫고 그 안의 즙을 빨아 먹다니!
더 재미있는 사실은 진딧물의 배 끝에는 창이 달려 있다는 겁니다. '뿔관'이라고 하는 두 개의 무기를 달고 다니는 것이죠. 천적이 가까이 오면 뿔관으로 방어 물질을 뿜어냅니다. "가까이 오지 마!"라고 경고하는 것입니다.

진딧물이 해충으로 불리는 이유 중 하나는 바로 엄청난 번식력 때문이에요. 진딧물은 무성생식과 유성생식을 모두 할 수 있어요.
봄과 여름에는 암컷이 혼자서 자기와 똑같은 암컷 새끼를 낳습니다. 수정 따위는 필요 없어요. "난 혼자 다 한다!"라고 외치는 독립적인 곤충이죠. 알을 낳는 대신 직접 새끼를 생산함으로써 부화와 성장 과정을 거치지 않고도 빠르게 개체 수를 늘릴 수 있습니다. 이는 짧은 시간 안에 많은 수의 후손을 남기기 위한 효과적인 생존 전략입니다.

또한, 진딧물은 엄청난 수로 번식하여 먹이식물을 빠르게 소비합니다. 먹이 자원이 고갈되면, 암컷 진딧물은 새로운 먹이식물을 찾아 이동하기 쉽도록 날개가 달린 암컷 새끼를 낳기 시작합니다.

그리고 가을이 되고 추워지면 이번에는 수컷을 낳습니다. 겨울은 아주 혹독하고 추위에 살아남기 위해 다양한 유전자가 필요하다는 걸 잘 알고 있기 때문이죠. 수컷과 짝짓기를 한 암컷은 겨울을 나기 위해 알을 낳습니다.

한번 상상해 보세요. 만약 우리가 진딧물이라면, 이렇게 선택하며 살 수 있는 거죠.

"오늘은 그냥 혼자 아이를 낳고, 가을엔 짝이나 한번 찾아 볼까?"

진딧물은 농작물, 정원 식물, 심지어 길가의 야생 식물에 붙어 삽니다. 좋아하는 장소는 바로 잎 뒷면, 연한 새싹, 그리고 꽃봉오리 같은 부드럽고 맛있는 부분인데, 이 친구들, 정말 안목이 있죠?

이렇게 즙을 빨리면 식물은 당연히 소모되는 양분이 많아져 건강이 급격히 나빠집니다. 가령 잎이 오그라들거나, 꽃봉오리가 제대로 발달하지 못하는 등 성장에 큰 지장을 받게 되죠. 심지어 진딧물 개체 수가 많아지면 식물이 극심한 피해를 입고 말라 죽어 버리기도 합니다.

그런데 진딧물이 문제를 일으키는 건 여기서 끝이 아닙니다.

진딧물이 먹고 난 뒤 남기는 배설물, 일명 '꿀물'이 다른 문제를 일으켜요. 개미들이 이 꿀물을 먹으려고 몰려들고, 식물에는 그을음병이 생깁니다. 그을음병은 진딧물의 배설물에 달라붙어 자라는 곰팡이 때문에 발생하는데, 이 곰팡이가 잎에 번식하면서 검게 그을린 듯한 흔적이 생겨나므로 '그을음병'이라고 부르죠.

진딧물과 개미는 그야말로 꿀물처럼 끈적한 관계를 맺습니다. 개미는 진딧물을 지켜 주는 경호원 역할을 하죠.

"아무도 내 진딧물 건들지 마!"

그러면 진딧물은 개미에게 아낌없이 꿀물을 제공합니다. 둘의 결탁은 무척 견고합니다. 아무리 강한 진딧물이라도 개미 없이는 생존하기 힘들다는 사실! 개미와의 협력은 생존과 직결되죠.

진딧물은 아무리 작고 번식력이 강해도 적이 많습니다. 무당벌레는 진딧물에 대해 "오늘 저녁 메뉴네!"라고 생각하는 곤충입니다. 꽃등에 애벌레는 진딧물 사냥 전문가이죠. 새들과 거미도 진딧물 킬러입니다. 진딧물 입장에서는 생존 자체가 치열한 투쟁인 셈이죠.

진딧물은 흔히 퇴치해야 할 해충으로 여겨지지만, 사실은 강인한 생명력을 지닌 작은 생태계의 중요한 일원입니다. 진딧물을 가만히

들여다보고 있으면,

'이 작은 곤충도 이렇게 치열하게 살아가고 있는데, 우리라고….'

하는 생각이 절로 들게 합니다. 자연 속에서 진딧물조차 자기 자리에서 최선을 다하며 살아가듯, 우리도 각자의 자리에서 묵묵히 살아가는 법을 배워야 하지 않을까요?

자연의 작은 건축가, 도롱이벌레

도롱이벌레라는 이름, 들어 본 적 있나요? 조금 생소할 수도 있지만, 숲속을 걷다가 작은 잎이나 돌 조각들이 덕지덕지 붙은 괴상한 덩어리를 본 적이 있다면, 바로 도롱이벌레의 작품일 가능성이 높습니다.

도롱이벌레는 겉으로는 작고 소심해 보이지만, 알고 보면 자연 속에서 '친환경 건축가'로 불릴 만큼 놀라운 생존력을 지닌 곤충이죠. 크기는 작아도 그 존재감과 능력만큼은 결코 작지 않은, 말 그대로 작지만 강한 친구입니다.

전 세계적으로 무려 1,300여 종이 있는 이 벌레들, 우리나라에도 그 다양한 종들이 살고 있다는 사실, 알고 있나요? 이 친구들은 숲, 정원, 강변, 초원 등 자연 어디서나 존재감을 뽐냅니다. 나뭇가지 위, 잎의 뒷면, 땅바닥은 물론이고, 간혹 집 벽 한구석에서도 은밀히 자리 잡고 있는 모습을 발견할 수 있죠.

도롱이벌레는 자신만의 공간을 만들기 위해 자연에서 구한 재료들을 치밀하게 조합하고, 그 속에 숨어 살아갑니다. 숲속의 잔디밭과 강변에는 이 작은 곤충의 흔적들이 어딘가 꼭 남아 있습니다. 그러니까, 여러분이 길을 걷다가 '아니, 이런 누더기 집은 대체 뭐지?' 싶은 것을 마주치게 된다면, 그게 바로 도롱이벌레가 지은 미니 요새일 수도 있어요.

"곤충 중에 집 짓는 애들, 뭐가 있을까요?"

하고 물어보면 대개 벌이나 개미 정도 떠올리실 텐데, 의외의 리스트에 도롱이벌레가 이름을 올립니다. 그런데 이 친구가 짓는 집, 한번 상상해 보세요. 잎사귀, 나뭇가지, 흙, 돌… 주변에 있는 모든 것을 재료 삼아 집을 짓습니다. 이쯤 되면 재활용의 달인, 친환경 건축가로 인정해 줘야 하지 않을까요?

애벌레가 어떻게 집을 지을까요? 애벌레들은 입에서 끈적한 실을 뽑아내서 재료들을 붙입니다. 그리고 이 집은 한번 만들어 놓고 끝나는 게 아니라, 애벌레가 성장하면서 집도 점점 커집니다. 우리도 집 리모델링 하기도 하잖아요. 주방도 넓히고 벽도 허물고….

도롱이벌레는 성장할 때마다 스스로 집을 리모델링합니다. 그래서 집 크기를 보면 이 애벌레가 얼마나 잘 먹고 잘 자랐는지 대충 짐작할 수 있어요. 이 모습은 마치 어린아이가 성장하며 더 큰 옷을 입는 것 같기도 하고, 작은 원룸에서 시작해 나중에 큰 평수 아파트로 이사 가는 것 같기도 하죠.

도롱이벌레는 낮에는 주로 집 안에서 쉬고, 밤에 활동합니다. 그런데 재미있는 것은, 이동할 때도 집을 끌고 다닌다는 거예요. 마치 여행객이 캐리어를 끌고 다니는 모습처럼, 이 작은 애벌레가 자기 집을 질질 끌고 다니는 겁니다. 자그마한 애벌레가 집을 끌며 "오늘은 저쪽 나뭇잎이 맛있을까?" 하고 두리번거리곤 하니, 이쯤 되면 집 없는 곤충 친구들은 이렇게 말하며 부러워할지도 모릅니다.

"와, 쟤는 집도 휴대용이야?"

도롱이벌레는 이래 봬도 나비목의 완전변태 곤충이라 알에서 애벌레, 번데기, 성충으로 변합니다. 애벌레 시절에 충실히 집을 지어 뒀으니, 번데기 단계에서도 그 집이 마치 튼튼한 콘크리트 아파트가 되어 안전한 미니 은신처를 제공하는 겁니다.

도롱이벌레의 세계는 알고 보면 꽤 드라마틱합니다. 성충이 되면 수컷은 날개를 얻고 밖으로 나가 '자유연애'를 즐깁니다. 한마디로, '바람은 나의 것!'이라는 표현이 딱 어울리죠.

짝짓기 과정은 더 독특합니다. 페로몬에 이끌려 온 수컷은 암컷의 얼굴 한 번 보지 못하고, 암컷 도롱이벌레가 만든 집 속으로 기다란 생식기만 쏙 넣어 더듬더듬 짝짓기를 합니다. 좁고 어두운 도롱이 속으로 자신의 생식기를 두세 배 길게 늘려 겨우 암컷에 다다릅니다. 말 그대로 '눈 감고 찍기'처럼 보이는 이 행동은 참 불편해 보이기도 하죠. 그 과정이 얼마나 힘든지 짝짓기가 끝나면 수컷은 지쳐서 죽고 만다지요.

하지만 그 짧은 삶 속에서 집 하나로 천적도 막아 내고, 성장 공간도 확보하고, 결국 종족을 이어 나가는 전략을 펼칩니다. 천적들은 새나 개미, 거미 등 만만치 않은 상대지만, 도롱이집이 워낙 튼튼하다 보니,

"이걸 어떻게 뚫지?"

하고 머리를 긁적일 겁니다. 여기서 알 수 있죠. 좋은 집 한 채가 목숨을 살리는 게임 체인저라는 걸 말입니다.

도롱이벌레는 구석구석에 숨어 자신만의 맞춤형 집을 짓고, 필요할 때는 확장 공사도 마다하지 않으며, 이동할 때면 '휴대용 하우스'를 끌고 다니는 독특한 모습을 보여 줍니다.

이 모든 것이 얼마나 경이로운지요! 작은 몸으로 만들어 내는 정교한 삶의 방식은 정말 놀랍습니다. 작은 벌레라 해서 무시하거나 하찮게 여겨서는 안 되겠죠?

긴 더듬이의 패션 아이콘, 하늘소

'하늘소'라는 말을 처음 듣는 분이라면, 마치 코뿔소나 물소처럼 큰 덩치에 굳센 뿔을 가진 동물을 떠올리기 쉽습니다. 이름에서 풍기는 강인한 이미지는 분명 매력적이지만, 정작 실제 하늘소를 눈앞에서 마주하면 그 간극에 살짝 실망할 수도 있죠. 덩치는 생각보다 작고, 우리가 기대하던 뿔 대신 길게 뻗은 두 개의 더듬이를 곧추세운 모습이 전부니까요.

그렇다고 하늘소가 볼품없다는 뜻은 결코 아닙니다. 길고 섬세한 더듬이를 이리저리 움직여 주위 환경을 탐색하고, 위험을 감지하며, 다른 동료들과 교신까지 해내는 모습은 제법 정교하고 인상적이거든요.

하늘소 같은 딱정벌레들은 흔히 화학적 신호(페로몬)를 통해 서로를 찾거나 구애를 합니다. 예를 들어, 짝짓기 시기가 되면 암컷이 특정 페로몬을 분비하고, 수컷은 긴 더듬이로 이 냄새를 감지해 암컷의 위치를 찾아가죠.

여기에 더해 일부 종은 소리를 내거나, 앞가슴 부분을 마찰해 미세한 음향 신호를 만들어 의사소통하기도 합니다. 이 소리는 사람

귀에 잘 들리지 않을 때도 많지만, 자기들끼리는 적당한 거리 안에서 충분히 인지할 수 있죠.

  이름의 유래가 궁금한 분도 많을 텐데, 하늘소라는 말은 소의 뿔처럼 생긴 거대한 더듬이에 착안해 붙은 것으로 알려져 있습니다. 긴 더듬이가 하늘을 향해 뻗어 있는 모습에서 유래되었다는 것이죠.
  실제로 하늘소 종류마다 더듬이 길이가 제각각인데, 몸통보다도 더 긴 친구들은 그 모습이 정말 거창하기 이를 데 없습니다. 어떤 종은 이 더듬이가 몸길이의 두세 배에 이르는 경우도 있어, 머리에 우아한 장식을 얹은 듯한 느낌마저 들게 하기도 합니다. 어찌 보면 좀 과장된 패션 아이콘처럼 보이기도 하고요.
  사실 곤충계에서는 더듬이가 길수록, 그것만으로도 엄청난 존재감을 드러내게 마련입니다.

  "오, 안테나 성능 좋겠다!"

하고 약간의 부러움을 담아 쳐다보게 되니까요.
  영어권에서도 이 친구들을 '롱혼 비틀(Long-horned beetle)'로 부릅니다. '롱혼 비틀'은 곧 '긴 뿔'을 뜻하는 만큼, 하늘소 특유의 길쭉한 더듬이를 그대로 드러내는 명칭이죠.
  외국에서 이 친구들을 대하는 시선은 제법 극과 극을 달립니다. 어떤 이는 "이 생김새 좀 봐! 더듬이가 살아 있는 예술 같아!" 하며 애완 곤충으로 키우려 들고, 어떤 이는 "도대체 이 나무 파먹는 괴물은 뭐야?" 하며 기겁을 하기도 하죠. 우리나라에서도 마찬가지지만, 특히 목재를 가꾸는 입장에서는 하늘소가 천적과도 같은 존재일 수 있습니다.

사실 소나무밭을 초토화시키는 재선충병(소나무재선충병)은 솔수염하늘소가 주된 매개체입니다. 솔수염하늘소는 애벌레나 번데기 상태부터 몸속에 재선충을 보균하는 경우가 많은데, 이들이 성충이 되어 소나무 껍질이나 목질을 갉아 먹을 때 재선충이 함께 침투하게 되죠.

재선충은 소나무 체내의 수분 및 양분 통로를 막아 버려, 나무가 물과 영양분을 제대로 흡수하지 못하게 만듭니다. 그 결과 푸르던 소나무 잎이 얼마 지나지 않아 누렇게 마르고, 심할 경우 몇 달 안에 고사(枯死)해 버리는 비극이 벌어집니다.

게다가 애벌레 시절에 나무 속을 파고들어 이리저리 갉아 대는 모습을 보면 솔직히,

"이 녀석, 너무한 거 아니야?"

싶을 정도로 얄밉습니다. 하지만 얄미움도 잠시, 애벌레가 자라 성충이 되어 긴 더듬이를 휘감고 나타나면, 그 우아하고 독특한 자태에 "어쩐지 미워할 수가 없네!"라는 묘한 기분이 들기도 하고요.

이렇듯 하늘소는 '아름다움'과 '골칫덩어리' 사이를 아슬아슬하게

줄타기하는 매력의 소유자입니다. 어떤 종은 더듬이에 산뜻한 무늬가 들어가 있어, 빛을 받으면 무지갯빛으로 반짝이기도 하죠. 이 점잖고 세련된 색감이 곤충에 대한 편견을 깨뜨리기도 합니다. 낯설고 생소해 보이던 곤충 세계가, 이 한 마리 하늘소를 통해 갑자기 신비로운 패션쇼의 무대로 변신하는 셈입니다.

어떤 종은 이렇게 화려함으로 시선을 사로잡기도 하지만, 또 다른 종은 덩치와 위용을 자랑해 존재감을 드러냅니다. 예를 들면 장수하늘소(Callipogon relictus)는 몸통 길이가 10㎝를 훌쩍 넘기도 해서, 곤충이라기엔 믿기 힘들 정도로 크고 묵직합니다. 여기에 강인한 턱까지 갖추고 있어, 마치 '곤충계의 제왕'을 마주한 듯한 포스를 풍기죠.

그 위압감에 한 번 놀라고, 의외로 정교한 몸체의 문양에 두 번 놀라게 되는 하늘소가 바로 이 장수하늘소입니다. 크고 날카로운 모습 뒤에 은근한 고급스러움이 깃들어 있어, 흡사 무도회에서 유유히 등장한 우아한 거인을 보는 느낌이 들기도 하니까요.

'특이한 하늘소를 찾아라!'

과거 한때, 곤충 채집 붐이 일면서 특이한 하늘소를 찾으라는 식의 경쟁이 벌어졌던 시절이 있었습니다. 몸집이 크고 뿔이 화려한 하늘소는 곤충 수집가들의 눈길을 사로잡기에 충분했죠. 그들의 독특한 외모와 희귀성은 수집가들의 욕구를 자극하기에 안성맞춤이었습니다.

하지만 하늘소는 워낙 특정한 자생지 환경과 예민한 생태 조건에 의존해 살아가는 곤충입니다. 무작정 잡아 가둔다고 해서 그들의 생존을 보장할 수 없다는 것이 가장 큰 문제였죠.

하늘소뿐 아니라 모든 곤충들은 자연 속에서 각자의 역할을 다할 때 가장 빛을 발합니다. 그들은 다른 생물을 먹고 먹이가 되며 생태계의 균형을 유지하는 데 기여합니다. 인간의 욕심으로 그들을 자신만의 것으로 소유해 버리면, 이 정교한 생태계의 연결 고리가 끊어지게 됩니다.

하늘소는 그 자태만으로도 충분히 강렬한 인상을 남깁니다. 가만 보면, 하늘소가 풍기는 묘한 아우라는 '야생성 + 우아함'이 어우러진 독특한 것이거든요. 곤충이라고 하면 으레 징그럽다고 생각하기 쉽지만, 하늘소를 비롯한 긴더듬이 딱정벌레들은,

"난 고급스럽고 우아한 벌레야!"

하는 분위기를 풍기며, 나름의 고고함을 갖추고 있습니다. 그래서 하늘소를 보고 있으면, 자연스레 '진짜 하늘이 내려주신 소일지도 몰라!' 하는 이상한 착각이 들기도 합니다. 그 긴 더듬이를 하늘을 향해 쫙 뻗은 모습이나, 느긋하게 나무를 타고 오르는 자태를 보면, 어딘가 신성한 퍼포먼스를 보는 것 같거든요.

물론, 그 아래쪽에선 나무가 슬몃슬몃 갈리고 있을지도 모르지만요.

여름의 뮤즈, 매미 이야기

매미라 하면, 어쩐지 한여름의 무더위와 함께 귀가 멍멍해질 정도의 울음소리가 자연스레 떠오릅니다. 사실 이 매미라는 곤충은 이름부터가 꽤 독특하죠. 한자식으로는 '선(蟬)'이라 쓰기도 하지만, 우리말로는 그냥 '매미'라는 음가로 부릅니다.

어원을 따져 보면, 옛날에는 '메에미', '맴이' 같은 형태로 불린 적도 있었다고 전해집니다. 울음소리를 흉내 낸 것이라는 설도 있고, 그저 소리가 귀에 계속해서 맴돌아 붙은 말이라는 주장이 있기도 하죠. 어느 쪽이든, 이 애절하고도 소란스러운 울음소리와 떼려야 뗄 수 없는 관계인 것만은 분명합니다.

아이러니하게도, 매미는 우리 곁에 있으면서도 의외로 그 생애가 잘 알려져 있지 않습니다. 땅속에서 애벌레로 여러 해를 지낸 뒤, 어느 날 흙이 잔뜩 묻은 얼굴로 땅을 뚫고 올라와 나무를 기어오르고, 마침내 탈피를 거쳐 멋진 날개를 펼치는 모습 정도만 짐작할 수 있을 뿐이죠.

매미가 그런 대장정 끝에 펼쳐낸 날개로 떠들썩하게 울어 대는 걸 보면, 그래, 그동안 땅속에서 참느라 답답했을 테니 맘껏 떠들어도 되겠다, 싶기도 합니다.

매미를 바라보는 시선은 조금 극단적으로 갈리곤 합니다. 한쪽에서는 "오, 진정한 여름의 영혼!" 하며 매미 소리에 낭만을 느끼고, 또 다른 쪽에서는 "아, 미칠 것 같아!" 하며 인상을 잔뜩 찌푸리기도 하죠.

특히 매미 소리에 익숙하지 않은 외국인들이 한국이나 일본에 여행을 왔다가, 아침잠을 빼앗기는 일은 흔히 있는 에피소드입니다. 반면, 매미 울음소리를 라이브 콘서트로 즐기는 마니아들도 있습니다. 심지어 일부 곤충 수집가들은,

"이 여름, 매미의 합창을 들어야 제맛이지!"

하며 울음소리가 가득한 숲속을 찾아다니곤 하죠. 매미 소리를 들으며 무언가를 느낄 여유가 있다면, 그건 곧 여름이 깊어졌다는 증거일 겁니다.

매미에 얽힌 옛이야기 중 하나로, 왕과 신하들이 쓰던 익선관(翼善冠)에 얽힌 이야기가 있습니다. 이 모자는 매미(蟬)를 본떠 만든 것으로, 장식 이상의 깊은 의미를 담고 있습니다. 전해 내려오는 바에 따르면, 매미에서 영감을 받은 익선관에는 다섯 가지 중요한 교훈이 담겨 있다고 합니다.

첫째, 매미의 긴 침은 갓끈을 맨 선비처럼 단정한 자태를 떠올리게 합니다. 이를 통해 몸가짐과 태도를 단정히 하라는 가르침을 전합니다. 관을 쓴 이들에게 스스로 품위를 지키라는 의미를 담고 있죠.

둘째, 매미가 땅속에서 긴 시간을 보내는 모습은 학문을 오래 닦으라는 교훈을 줍니다. 매미는 생애 대부분을 땅속에서 애벌레로 지내며, 긴 기다림 끝에 지상으로 올라옵니다. 이처럼 공직자와 지도자는 겉으로 드러나는 모습보다도 이면에서 학문과 덕을 쌓는 데 힘써야 한다는 메시지를 전합니다.

셋째, 매미의 짧은 지상의 생애는 벼슬을 오래 하지 말라는 뜻을 상징합니다. 매미는 짧은 시간 동안 최선을 다해 울며 짝을 찾고 생을 마감합니다. 이는 권력의 자리에 오래 머물며 집착하지 말고, 사명을 다한 후에는 물러날 줄 알아야 한다는 가르침을 줍니다. 지나친 권력 욕심이 결국 해를 초래할 수 있음을 일깨워 주는 교훈이기도 하죠.

넷째, 매미가 집이 따로 없고 나뭇진만 먹고 사는 모습은 청렴함을 본받으라는 뜻을 전합니다. 매미는 검소하고 간소한 삶의 상징으로서, 왕과 공직자들에게 사치와 낭비를 멀리하고 청렴한 자세로 백성을 섬기라는 교훈을 줍니다.

다섯째, 매미는 위험이 닥쳐도 울음을 멈추지 않습니다. 이를 통해 목숨을 걸고라도 옳은 말을 하라는 교훈을 줍니다. 매미의 울음은 본능에서 비롯된 행동이지만, 이를 빗대어 지도자는 어떠한 위협 속에서도 진실을 외칠 용기를 가져야 한다는 뜻을 담고 있습니다.

특히 왕과 공직자라면, 불의에 맞서 자신의 목소리를 내야 한다는 책임감을 상징합니다.

　매미의 짧지만 강렬한 생애는 이렇게 공직자와 지도자가 본받아야 할 여러 덕목의 상징이 되었습니다. 익선관을 통해 매미의 이 같은 덕목을 머리에 매일 얹고 다녔다는 것은, 옛사람들이 자연을 얼마나 깊이 관찰하고 그 속에서 삶의 지혜를 배웠는지를 알려 주는 사례라 할 수 있습니다.

　흔히 '매미는 지상에서 딱 일주일 정도만 산다'는 말이 있지만, 그건 과장이 조금 섞인 표현입니다. 보통은 2~4주 정도 살고 죽는 것으로 알려져 있죠. 그렇더라도, 알에서 애벌레가 되어 지하 생활을 수년이나 버티다가, 지상에서 비교적 짧은 기간을 누리며 울어 댄다는 사실은 변함이 없습니다. 그러니 그 소리가 꽤나 절실하고도 처절하게 들리는 게 당연할지도 모릅니다.

　여름철, 창문 틈새로 스며드는 매미 소리를 들으며 시원한 음료를 홀짝대다 보면, 어쩐지 그 소음마저도 '여름의 오케스트라'로 여겨질 때가 있습니다.

　물론, 너무 시끄러워서 잠 못 자겠다는 민원도 끊이지 않겠지만, 따지고 보면 매미는 자기 생애가 길지 않다는 걸 본능적으로 아는 듯, 목청껏 외치는 것일 겁니다. 그게 인생에 대한 외침이든, 짝을 찾으려는 구애든, 아니면 '드디어 날개 달았어!' 하는 뿌듯함이든 말이죠.

매미가 우리에게 주는 메시지는 이렇습니다.

"삶에 한 번쯤은 내 목소리를 내 보는 게 어때?"

딱히 거창한 철학일 필요는 없습니다. 그저 매미 한 마리가 울어 댈 때, 이렇게 생각해 보는 거죠.

"그래, 나도 이 여름에 나만의 에너지를 마음껏 뿜어 볼까?"

학문을 오래 닦고, 청렴을 지키며, 올바른 말을 하고, 무엇보다도 진심으로 울어 댈 수 있는 삶— 어쩌면 매미가 지상에서 보내는 이 짧은 시간 속에, 우리의 인생을 비추는 거울이 숨겨져 있을지도 모르겠습니다.

메뚜기의 작은 도약, 큰 이야기

메뚜기에 대해 자세히 관찰해 본 적이 있나요? 가볍게 지나칠 수 있는 이 작은 곤충에도 의외로 재미있는 이야기들이 숨어 있습니다. 오늘은 메뚜기의 이름, 역사, 그리고 문화 속에서의 다양한 역할까지 함께 살펴보겠습니다. 먼저, 메뚜기의 이름에 대한 유래부터 시작해 볼까요?

메뚜기는 산을 뜻하는 '메(뫼)'와 '뛰기'가 합쳐져 '메뚜기'가 되었다고 합니다. 학문적으로 확정된 건 아니지만, 이 이야기를 듣고 나면 풀쩍 뛰어오르는 메뚜기의 모습이 생생하게 그려집니다.

영어로는 '그래스호퍼(Grasshopper)'라고 하는데, 이는 말 그대로 '풀 위를 뛰어다니는 생명체'라는 뜻이죠. 프랑스어로는 '소트렐(Sauterelle)'이라고 부르며, 이 역시 '도약'이라는 뜻의 'sauter'에서 유래했습니다.

각국의 이름 속에 뛰어오르는 메뚜기의 특징이 담겨 있는 걸 보면 정말 재미있습니다.

메뚜기는 알, 애벌레(약충), 성충의 단계를 거치는 불완전변태를 합니다. 불완전변태란 메뚜기나 무당벌레처럼 애벌레가 성충으로 변하는 과정에서 몸의 구조나 모습이 크게 바뀌지 않는 것을 말하죠. 즉, 어릴 때나 성충일 때나 모습이 거의 비슷하다는 뜻입니다.

반면, 완전변태는 나비나 파리처럼 애벌레가 번데기 단계를 거치며 몸이 완전히 변형되는 것을 말해요. 그래서 '완전변태'라고 부르는 거죠.

그런데 재미있는 건, 우리 인간도 사실은 완전변태와 불완전변태를 거쳐 성장하기도 한다는 점이에요. 예를 들어, 매일 방 안에서 뒹굴거리는 아이를 보며,

"이 굼벵이 같은 녀석아, 넌 커서 뭐가 될래!"

라고 소리쳐 본 기억 있으시죠? 그 아이는 어느 날 갑자기 날개를 달고 나오는 나비처럼 완전변태를 할지도 몰라요. 어릴 때는 아무런 특별한 재능이 없어 보이던 아이가 커서는 예상치 못한 멋진 모습으로 변신하는 거죠.

반면, 어려서부터 피아노를 잘 치거나 글을 잘 쓰는 아이는 메뚜기처럼 불완전변태를 할 가능성이 높아요. 어릴 때부터 보이던 재능이 그대로 이어져 멋진 음악가나 작가가 되는 거죠.

그러니 아이가 뭐가 될지는 아이에게 맡기는 것이 가장 좋을 듯합니다. 어쩌면 지금은 굼벵이 같아 보이는 아이가 나중엔 화려한 나비가 될지, 아니면 메뚜기처럼 꾸준히 자신의 길을 걸어갈지 누가

알겠어요? 중요한 건 아이가 어떤 변태를 하든, 그 과정을 지켜보며 응원해 주는 것 아닐까요?

알에서 깨어난 메뚜기의 애벌레는 성충과 비슷하지만 날개가 없고, 여러 번 탈피를 거쳐 성충이 됩니다. 다 자란 메뚜기는 자신의 몸길이의 20배 이상을 뛰어오를 수 있습니다. 이는 인간으로 치면 30m 이상을 뛰어오르는 것과 같습니다. 이렇게 뛰어난 점프력은 천적을 피하거나 먹이를 찾는 데 큰 도움을 줍니다.

일부 메뚜기 종은 대규모로 이동하는 습성이 있습니다. 이들은 먹이를 찾아 먼 거리를 이동하며, 때로는 수백만 마리가 떼를 지어 이동하기도 합니다. 역사적으로는 이러한 메뚜기 떼가 농작물을 훼손시키며 기근을 일으키기도 했습니다. 메뚜기 떼 1톤이 하루에 사람 2,500명분의 식량을 없앤다고 합니다.

메뚜기는 생태계에서 중요한 역할을 합니다. 식물을 먹으며 식물의 생장을 조절하는 역할을 하죠. 과도하게 번식할 경우 식물에 피해를 줄 수 있지만, 적당한 수준에서는 생태계의 균형을 유지하는 데 도움을 줍니다.

또한, 메뚜기는 많은 포식자에게 중요한 먹이원입니다. 새, 파충류, 양서류 등 다양한 동물이 메뚜기를 먹이로 삼죠. 이렇게 메뚜기는 생태계의 먹이 사슬에서 중요한 위치를 차지하고 있습니다.

문화 속에서도 메뚜기는 다양한 모습으로 등장합니다.

노벨문학상 작가 펄 벅의 소설 『대지』에서는 메뚜기 떼가 농토를 초토화시키는 장면이 나옵니다. 이처럼 메뚜기는 풍요로운 들판의 상징이자, 한편으로는 무서운 파괴력을 가진 존재로 그려지기도 합니다. 자연의 힘 앞에서 인간이 얼마나 무력해질 수 있는지를 생생하게 보여 주는 예죠.

일부 문화권에서는 메뚜기를 단백질 공급원으로 섭취하기도 합니다. 뜨거운 기름에 튀겨 낸 메뚜기는 바삭하고 고소한 고단백 간식으로 인기를 끌며, 길거리 음식이나 전통 요리의 별미로 자리 잡기도 합니다.

우리 중에도 어린 시절 메뚜기를 잡아 불에 구워 먹던 추억이 있는 분들도 계실 겁니다. 이처럼 메뚜기는 문화적 맥락에 따라 전혀 다른 의미로 해석될 수 있습니다.

귀뚜라미나 여치처럼 큰 소리는 내지 못하지만, 메뚜기 중에서도 소리를 내는 종류가 있습니다. 예를 들어 메뚜기의 한 종류인 삽사리, 참어리삽사리 같은 종은 자기만의 소리를 내기도 합니다.

소리 내는 메뚜기는 각자 독특한 방법으로 소리를 만드는데, 그 방법은 정말 다양합니다. 어떤 메뚜기는 날개를 뒷다리의 허벅지로 비벼서 울고, 어떤 메뚜기는 날아오를 때 날개를 부딪쳐 소리를 냅니다. 심지어 두 가지 방법을 모두 사용하는 종류도 있죠. 이외에도 턱을 이용해 소리를 내거나, 몸에 있는 작은 돌기를 마찰시켜 소리를 내는 등, 메뚜기의 울음소리를 만드는 방법은 다양합니다.

메뚜기는 주로 낮에 활동하고, 베짱이나 여치는 밤에 활동합니다. 각 곤충이 자신의 존재를 가장 멀리, 효과적으로 드러낼 수 있는 시간대를 선택한 것이죠. 낮에 활동하는 곤충들은 주로 야행성 곤충보다 더듬이가 짧은 게 특징입니다. 이는 그들의 뛰어난 환경 적응력을 보여 주는 좋은 예입니다.

메뚜기는 작은 몸속에 놀라운 생명력을 지닌 곤충입니다. 때로는 재앙의 상징이 되기도 하고, 때로는 문학적 영감을 주는 존재가 되기도 합니다. 이렇게 다양한 모습을 가진 메뚜기를 통해 우리는 자연의 복잡함과 그 속에 깃든 아름다움을 배울 수 있습니다.

메뚜기의 이야기를 통해 생태계의 균형과 인간과 자연의 관계에 대해 생각해 보는 시간이 되길 바랍니다.

"메뚜기도 유월이 한철이다."

메뚜기도 한철이라는 말처럼, 짧지만 강렬한 삶을 사는 이 작은 생명체에게서 우리는 많은 것을 배울 수 있지 않을까요?

개미지옥의 설계자, 개미귀신

 개미귀신은 이름만 들어도 독특하고 신비로운 매력을 느끼게 하는 곤충입니다. 우리 주변에서 흔히 볼 수 있지만, 그 생태와 습성에 대해 제대로 아는 사람은 드뭅니다. 강렬한 이름과는 달리, 작은 몸집 속에 재미있는 이야기를 품고 있는 존재죠. 이 작은 생명체는 자연의 비밀스러운 일면을 엿볼 수 있게 해 줍니다.

 개미귀신이 살아가는 곳은 흔히 '개미지옥'이라 불리는 작은 흙구덩이입니다. 비바람이 닿지 않는 바위틈 아래 같은 장소에 조심스럽게 만들어진 이 구덩이는 마치 정교한 함정처럼 설계되어 있죠. 하지만 이 개미지옥이 그냥 만들어지는 건 아닙니다.

 개미귀신은 대개 뒤로만 걸으며 모래를 퍼내어 구덩이를 완성하는데, 이 작업에 무려 30분 정도가 걸립니다. 환경이 맞지 않거나 개체가 덜 자란 경우에는 1시간이 넘게 걸리기도 합니다. 모래를 한 움큼씩 퍼내다 무너지는 날에는 다시 처음부터 지어야 하죠. 그렇게 공들여 만든 함정이 제 역할을 다하지 못하면 안 되니, 개미귀신의 집짓기는 그야말로 진지합니다.

 그 안에서 개미귀신은 먹잇감이 걸려들기를 조용히, 그리고 끈기

있게 기다립니다. 그러다가 개미지옥이 무너질 수도 있고, 누군가가 개미귀신을 건드릴 수도 있죠. 이럴 때 개미귀신의 또 다른 특기가 발휘됩니다. 바로 죽은 척하기의 달인이라는 점인데, 무려 한 시간 가까이 죽은 척을 하며 버틸 수 있다고 합니다.

'이 정도면 아카데미상 감인데?'

싶을 정도로 철저한 연기력입니다.
개미귀신은 생애 초반, 애벌레 시절에 배설기관이 퇴화되어 '똥꼬'가 없다고 알려져 있죠. 이는 우스갯소리가 아니라 생물학적 사실입니다. 개미귀신 애벌레는 먹이를 섭취한 뒤 배설하지 않고 소화된 영양분을 효율적으로 흡수하며 살아갑니다.
이러한 독특한 생태는 애벌레 기간의 에너지를 최대한 보존하려는 생물학적 전략으로 해석됩니다. 개미귀신 애벌레는 축적해 둔 배설물을 성충이 된 뒤에야 비로소 배출합니다. 번데기에서 우화하기 바로 직전에 몸에 있는 배설물들을 모두 배설하는 거죠.
이는 곤충학자들조차 '생존을 위한 철저한 에너지 관리 전략'이라며 감탄할 만큼, 개미귀신의 생존과 진화에 최적화된 방식입니다. 배설을 자제하는 이 삶의 방식은 단순한 절제가 아니라, 궁극적으로 생존을 위한 효율적인 적응이라 할 수 있죠.

개미귀신의 집, 즉 개미지옥은 함정 이상의 정교함을 자랑합니다.

이 독특한 구조물은 물리학과 지질학의 원리를 결합한 미학적 결정체라고 할 수 있습니다.

　개미지옥의 경사는 흔히 '안식각'이라 불리는 각도로 형성되는데, 안식각이란 모래알이 스스로 무너지지 않는 최대 기울기를 뜻합니다. 개미귀신은 물리적 원리를 본능적으로 적용해 구덩이에 빠진 개미가 좀처럼 탈출하지 못하도록 완벽한 함정을 만들어 냅니다.

　구덩이에 빠져 필사적으로 몸부림치는 개미의 모습은 마치 정교하게 설계된 공포 영화의 한 장면처럼 무시무시하고, 그 순간 자연의 생존 전략이 얼마나 치밀한지 새삼 깨닫게 되죠. 결국 개미귀신은 개미를 흙 속으로 끌고 간 뒤 체액을 빨아먹고, 남은 잔해들은 빈 깡통처럼 밖으로 내던져 버립니다.

　개미귀신은 유충 시절 강력한 생존력을 뽐내지만, 성충이 되는 순간 또 다른 역설과 마주하게 됩니다.

　번데기 단계를 거쳐 우화하면, 개미귀신은 '명주잠자리'라는 우아한 이름의 성충으로 거듭나기 때문입니다. 흉측한 포식자로 보이던 모습이 단숨에 아름다운 날개를 단 존재로 바뀌는 광경은, 자연이 선사하는 놀라운 반전이라 할 수 있습니다.

　명주잠자리는 이름에 '잠자리'가 들어가지만, 실제로는 잠자리와 다른 풀잠자리목에 속합니다. 이는 날개가 달린 겉모습이 비슷하기 때문에 붙여진 이름으로 보입니다. 그러나 명주잠자리는 잠자리와 구분하기 쉬운 몇 가지 특징이 있습니다.

먼저, 명주잠자리의 촉각(더듬이)은 잠자리보다 훨씬 깁니다. 또한 잠자리는 앉았을 때 날개를 펼쳐 두는 반면, 명주잠자리는 날개를 아래로 눕혀 접습니다.

생태적으로도 두 종은 큰 차이를 보입니다. 잠자리는 물에 알을 낳고 어린 시절 물속에서 자라지만, 명주잠자리는 땅에 알을 낳고 얕은 땅속에서 자랍니다. 또한 잠자리는 번데기 과정을 거치지 않는 반면, 명주잠자리는 번데기 과정을 거칩니다.

개미귀신은 성충으로 변하면서 애벌레 시절 강력했던 턱이 퇴화하여 더 이상 먹이를 씹을 수 없게 됩니다. 대신, 입 주변이 액체 정도를 겨우 빨아들이는 구조로 변하며 새로운 식생활에 적응합니다. 다시 말해 육식을 멈추고, 물과 꽃의 꿀을 섭취하며 평화롭고 조용한 삶을 살아갑니다.

한때 육식 포식자로 살아가던 애벌레 시절을 지나 완전한 비건으로 전환하는 이 변화는 자연의 놀라운 아이러니를 보여 줍니다. 동시에 생존을 위해 끊임없이 변화하고 적응하는 자연의 지혜를 되새기게 하죠.

성충이 되어 입이 퇴화하는 곤충들은 더러 있습니다. 대표적으로 하루살이와 일부 풍뎅이들 종을 들 수 있는데, 이들은 성충 시기에 에너지를 축적하기 위해 애벌레 때는 주로 육식을 하며 성장합니다. 이 과정은 생애 주기에 따라 식성과 생존 전략이 어떻게 극적으로 변화하는지를 보여 주는 사례입니다.

개미귀신은 그 독특한 생태와 모습 덕분에 전 세계적으로 재미있는 존재로 여겨집니다. 서양에서는 '앤트라이언(Antlion)'이라는 이름으로 알려져 있는데, 이름부터가 벌써 영화 속 괴물이나 신화적 존재를 연상케 하죠. 덕분에 그들은 강력한 함정과 사냥 기술로 상상 속에서 무시무시한 괴물로 그려지기도 했습니다.

"이 작은 녀석이?"

하고 놀라겠지만, 사실 개미귀신은 그냥 자기 밥 한 끼 해결하려고 열심히 살고 있을 뿐인 것이겠죠.

그럼에도 불구하고, 서양에서는 개미귀신을 작지만 강한 존재의 상징으로 여겨 왔습니다. 한마디로, 삶은 사이즈가 아니라 기술과 끈기로 승부라는 교훈을 주는 셈이죠.

개미귀신은 급하게 굴지 말고 적절한 때를 기다리라는 가르침을 생생히 보여 주는 존재로 여겨지기도 합니다. 실제로 일부 개미귀신은 무려 6개월 동안 개미 한 마리조차 구경하지 못하는 상황에서도 꿋꿋이 기다리며 생존합니다. 이들의 놀라운 인내심은 자연의 경이로움과 생존 본능의 위대함을 다시금 깨닫게 합니다.

하지만 솔직히 말해서, 개미귀신 본인 입장에서는 인내나 철학 같은 거창한 걸 생각할 틈이 없었을 겁니다. 그저,

"오늘은 뭐 먹지? 왜 밥은 이렇게 안 오는 거야!"

라며 모래 속에서 고군분투하고 있을 뿐이겠죠. 기다리다 지쳐서 "이번 생은 망했나?"라고 생각하지 않을까 싶기도 하고요.

하루살이, 하루를 위한 위대한 준비

하루살이라고 하면 단 하루만 살다가는 곤충을 떠올리기 쉽지만, 실제로 종에 따라 몇 시간에서 열흘 가까이 살기도 합니다. 물론 인간의 기준으로 보면 너무 짧은 거 아닌가 싶겠지만, 하루살이에겐 그 시간이 전부이며, 가장 빛나는 순간입니다.

하루살이의 드라마는 사실 물속에서부터 시작됩니다. 알에서 깨어난 유충은 물 밑에서 1~2년을 보내며 성장하다가 어느 날,

"드디어 내 시간이다!"

라는 듯 물 위로 올라와 날개를 펼칩니다.

그러나 성충이 된 하루살이는 입이 퇴화해 음식을 먹을 수 없습니다. 이 짧은 시간 동안 오직 짝짓기와 번식에 모든 에너지를 쏟아붓습니다. 누군가는 "삶이 왜 이렇게 허무해?"라고 느낄 수도 있지만, 하루살이에게는 그 순간이야말로 가장 값지고 의미 있는 시간입니다.

하루살이를 영어로 '메이플라이(Mayfly)'라 부르는 이유는 보

통 5월에 활동을 시작하기 때문입니다. 프랑스어로는 '에페메르(Éphémère)'라고 부르는데, 직역하면 '덧없는 존재'라는 뜻입니다. 하루살이의 짧은 생애를 이렇게까지 직설적으로 이름 붙인 걸 보면, 그들이 빚어내는 찰나의 순간이 얼마나 섬세하고 또 순식간에 지나가 버리는지를 새삼 깨닫게 됩니다. 따뜻한 햇살 아래 스쳐 가는 하루살이의 날갯짓을 바라보고 있으면, 우리의 삶 역시 어쩌면 그와 다르지 않다는 묘한 공감이 스며드는 듯합니다.

이처럼 하루살이는 전 세계적으로 다양한 의미의 이름으로 불리며, 각 문화마다 독특하게 해석됩니다. 하지만 이름이 뭐가 중요하겠습니까? 하루살이에게 중요한 건 지금, 이 순간을 불태우는 것이겠죠.

하루살이가 대량으로 출몰하는 풍경은 자연 생태계가 건강하다는 신호이기도 합니다. 하루살이 유충은 깨끗한 물에서만 자랄 수 있기 때문에 이들의 출몰은 지역 수질이 좋다는 증거입니다.

그러나 이들이 대량으로 나타날 때마다 모두가 박수를 치는 건 아닙니다. 예를 들어, 2000년대 이후 한강 인근의 수질 개선으로 동양하루살이 떼가 강남과 압구정 일대에 매년 여름마다 등장하면서 상가와 주거지에 피해를 주고 있습니다. 밤사이 쌓인 하루살이 사체는 악취를 풍기며 미관을 해치고, 주민들에게 불편을 안깁니다.

이를 해결하기 위해 빛의 밝기를 조절하거나, 물고기 같은 상위 포식자를 방류하는 방법이 활용되기도 합니다. 하루살이의 천적으로는 잠자리, 거미 같은 절지동물이나 개구리 같은 작은 동물들이 있는데요, 심지어 하이에나도 하루살이를 먹는 경우가 있습니다.

한 동물 다큐멘터리에서는 사냥에 실패한 하이에나가 물가에서 하루살이를 잡아먹는 장면이 나오기도 했죠. 그때 흘러나온 내레이션이 참 재밌었습니다.

"얼마나 먹어야 배가 찰지는 모르겠지만,
전혀 못 먹는 것보단 낫겠죠?"

밤에 조깅하거나 자전거를 타다 보면 하루살이가 입이나 코로 들어오는 황당한 경험을 하기도 합니다. 이런 상황을 피하려면 마스크를 착용하는 것이 가장 좋은 방법입니다. 물론 하루살이는 맛도 없고 배도 안 부르니, 그냥 애초에 그런 일이 없도록 조심하는 게 최선이겠죠.

하루살이 시즌이 되면 강가 주변이 새까맣게 물결치는 장관이 펼쳐집니다. 한꺼번에 날아오르는 그 모습은 벌레 공포증이 있는 사람에게 악몽 같은 풍경이 될 수도 있습니다. 그래도 잠시 불편함을 감수하고 자연의 균형과 건강함을 나타내는 신호로 긍정적으로 바라보면 어떨까요?

결국 하루살이는 우리에게 '순간의 가치'를 다시금 떠올리게 합니다. 짧은 시간 동안 온 힘을 다해 살아가는 하루살이의 모습은 우리에게 주어진 시간을 어떻게 활용해야 할지 묵직한 메시지를 던져 줍니다. 하루살이는 유충 시기에 오랜 준비를 거쳐 성충이 된 후 단 며칠 동안 자신의 모든 것을 쏟아붓습니다.

  우리도 하루살이처럼 필요 없는 걱정과 짐을 덜어 내고, 정말 중요한 일에 집중하며 살아갈 용기를 갖는 건 어떨까요? 하루살이가 입조차 필요 없을 만큼 불필요한 걸 생략하듯, 우리도 가끔은 짐을 비워 내며 스스로를 돌아보는 것도 좋을 듯합니다.

작은 꿈에서 시작된 학배기의 혁명

여러분, 여기를 한번 볼까요? 여기 멋진 애벌레가 있습니다. 바로 오늘의 주인공인 잠자리의 애벌레, 수채입니다. 우리말로는 학배기라고 하죠.

이 학배기에게는 남다른 꿈이 하나 있습니다. 바로 넓은 하늘을 헤엄치는 꿈입니다.

'웅덩이에서 뭍으로 나가는 꿈이라면 그럴 수 있다 쳐도,
물속에서 저 높고 넓은 하늘을 꿈꾸다니!'

이처럼 무모한 꿈이 어디 있나요? 좀 터무니없기도 하죠? 하지만 학배기는 하나하나 준비해 나갑니다.

잠자리는 날갯짓을 위해 등이 근육질입니다. 배 부분은 얇지만 가슴은 두툼하죠. 학배기도 마찬가지입니다. 얼핏 보면 배낭을 짊어진 것처럼 등이 탄탄하죠. 그 등을 자세히 살펴보면 작은 새싹이 돋아나 있습니다. 바로 날개싹입니다.

곤충들이 대개 그렇듯이 학배기의 살갗은 큐티클로 이루어져 있습

니다. 큐티클이란 새우나 게 껍질처럼 늘어나지 않는 물질이죠. 그래서 주기적으로 그것을 벗어야 합니다. 그래야 몸이 크죠. 그렇게 여러 차례 껍질을 벗으며, 자기 꿈을 펼칠 준비를 하는 것입니다.

언젠가 저수지 둑길을 걷다가 우연히 잠자리의 우화 장면을 본 적이 있습니다. 저도 모르게 탄성을 질렀습니다.

"와! 저 날개 좀 봐!"

종령이 된 애벌레가 풀대궁을 붙들고 올라옵니다. 그리고 잠시 후에 등이 Y자로 갈라지고 이어 머리와 가슴, 배 순으로 천천히 나오죠. 처음 날개는 나비와 마찬가지로 꾸깃꾸깃 접혀 있습니다. 잠시 후에 날개맥에 혈액이 돌면서 서서히 펴집니다. 얇고 투명한 햇날개가 쫘악 펼지는 그 순간을 보면, 누구나 저처럼 탄성을 지를 수밖에 없습니다. 그 날개가 얼마나 깨끗하고 투명한지….

잠자리는 그렇게 날개가 마르기를 기다립니다. 바람을 느끼죠. 하지만 지금 이때가 가장 위험한 순간입니다. 새들과 같은 천적들이 이런 순간을 호시탐탐 노리고 있거든요.

무사히 날개가 다 마르면, 잠자리는 드디어 첫 날갯짓을 시작합니다. 자신의 꿈을 이루고, 푸른 하늘 한 부분을 차지하게 되는 것이죠.

저는 그날 우화 과정을 본 이후로 들판을 날고 있는 저 많은 잠자리가 결코 흔한 곤충으로 보이지 않습니다. 작은 점 하나가 애벌레가 되고 날개를 달고 하늘로 날아오른 과정은, 이것이야말로 가장 멋진 혁명이라는 생각도 듭니다. 애벌레의 꿈이 없었다면 그 모든 과정이 가능이나 했을까요?

  학배기가 물속에서 하늘을 꿈꾸며 하나씩 준비해 나갔듯, 우리도 각자의 하늘을 향해 나아가면 어떨까요? 처음엔 무모해 보일지 몰라도, 그 작은 시작들이 결국 변화를 만들 겁니다. 중요한 건 그 꿈이 여러분만의 것이어야 한다는 거예요.

  때론 길이 막힌 것처럼 느껴질지라도, 잠자리가 날개를 펴는 순간을 떠올려 보세요. 시간이 필요할 뿐, 준비된 날개는 언젠가 반드시 하늘로 날아오릅니다. 우리도 그렇게 날개를 펼치는 날을 기다리며, 오늘을 조금씩 만들어 가면 좋겠습니다. 세상 어디서든, 여러분만의 방식으로 하늘을 채우는 모습을 기대합니다.

지구를 살리는 묵묵한 일꾼, 지렁이

비 오는 날 땅 위에서 꿈틀대는 지렁이를 본 적 있나요? 왜 지렁이는 비 오는 날마다 땅 위로 올라오는 걸까요? 물장난이라도 하러 나오는 걸까요?

사실 그 이유는 숨을 쉬기 위해서입니다. 비가 내리면 땅속에 물이 차 산소가 부족해지기 때문에 지렁이는,

"이러다 진짜 큰일 나겠어!"

하고 서둘러 땅 위로 탈출하는 거예요.

하지만 꼭 숨을 쉬기 위해서만 올라오는 것은 아닙니다. 사실 비 오는 날은 지렁이에게 이동하기 딱 좋은 기회가 되기도 합니다. 촉촉해진 땅 덕분에 마찰이 줄어들어 미끄러지듯 이동할 수 있어, 마치 여행이라도 떠나는 기분일 테죠.

지렁이는 피부를 통해 산소를 흡수하기 때문에 물속에서도 잠시 생존할 수 있습니다. 하지만 이 능력은 어디까지나 제한적입니다. 물속에서 일정 시간은 견딜 수 있지만, 너무 오래 머물면 결국 위험

에 처하게 됩니다. 물놀이가 지나치게 길어지면 지렁이의 생존에도 큰 영향을 미칠 수 있다는 것이죠.

그런데 여러분은 혹시 지렁이에게도 털이 있다는 사실, 알고 있나요?

"털이라니, 그 미끈미끈한 지렁이가?"

라고 놀라셨죠? 사실 지렁이의 몸에는 '강모'라고 불리는 작고 뻣뻣한 털이 나 있습니다. 이 강모는 지렁이가 땅속을 헤치고 다닐 때 미끄러지지 않도록 도와줘요. 마치 축구 선수의 스파이크 같은 역할을 하죠. 지렁이도 땅속에서 신발을 신고 다닌다고 상상해 보세요. 한껏 멋을 낸 지렁이의 모습, 좀 귀엽지 않나요?

지렁이의 몸을 자세히 보면 중간쯤에 고리 모양의 띠가 보이는데, 이를 '환대'라고 합니다. 이 환대는 지렁이의 번식에 중요한 역할을 하며, 어른이 되었음을 나타내는 상징이기도 해요. 마치 우리가 결혼반지를 끼는 것처럼, 성인이 된 지렁이는 환대를 두르고 다니죠. 환대는 알을 보호하는 껍질처럼 작용해 자연의 완벽한 포장 역할까지 합니다.

지렁이의 똥 이야기도 빼놓을 수 없겠네요. 지렁이는 꼬리 쪽에 있는 배설구를 통해 똥을 싸는데, 이 똥이야말로 농부들이 가장 사랑하는 천연 비료랍니다. 지렁이의 똥에는 땅을 비옥하게 하는 데 필요한 모든 영양소가 들어 있어요. 특히 질소 성분이 다량 함유되어 있습니다. 우리가 먹는 건강한 채소와 과일에도 지렁이의 숨은 공로가 들어 있다는 사실, 이제 알게 되셨죠?

여기서 잠깐, 퀴즈를 하나 내 볼게요.

"지렁이에겐 과연 심장이 몇 개나 있을까요?"

놀랍게도 우리가 아는 형태의 심장은 없고, 그 대신 다섯 쌍의 혈관이 심장 역할을 해 준다고 합니다. 어느 축구 선수가 심장이 두 개라는 별명을 지녔다면, 지렁이는 마치 열 개의 심장을 가진 것처럼 강력한 존재라고 볼 수 있죠.

그리고 지렁이는 눈이 없다는 사실, 다들 알고 있죠? 하지만 걱정할 필요는 없어요. 눈 대신 피부로 빛을 감지할 수 있어서 주변 환경을 훌륭하게 파악한답니다. 어쩌면 지렁이에게 눈이 없는 게 다행일지도 몰라요. 만약 지렁이가 서로를 볼 수 있었다면, "어이쿠, 징그러워!" 하며 서로 놀라서 비명을 지르지 않았을까요?

지렁이에 대해 흔히 잘못 알려진 사실 중 하나가 지렁이는 반으로 자르면 두 마리가 된다는 말이에요. 하지만 실제로는 그렇지 않습니다. 환대 쪽이 남아 있어야만 재생 가능성이 있고, 그마저도 성공 확률이 높지는 않아요. 그러니 실험 삼아 지렁이를 자르시면 안 됩니다. 자르면 안 된다는 게 아니라 자르겠다는 생각조차 절대 하지 말아야 합니다.

이 대단한 친구들은 적절한 환경에서 무려 4~8년이나 살 수 있습니다. 꽤 오래 사는 편이죠? 또한, 지렁이는 전 세계적으로 약 6,000종이나 되는 놀라운 다양성을 자랑합니다. 재미있게도, 지렁이는 소리나 진동에 매우 민감합니다. 여러분이 땅을 두드리거나 뛰어다니면 지렁이는,

"어, 두더지가 오나 봐!"

하고 깜짝 놀라 도망가려고 하죠. 비 오는 날 땅 위로 올라오는 이유 중 하나도 빗소리와 진동에 겁을 먹고 피신하려는 것이라는 말도 있습니다. 하지만 진실은 지렁이만 알겠죠?

지렁이는 영어로 '어스웜(earthworm)'이라고 불립니다. 이 이름은 지렁이가 지구(earth)를 살리는 소중한 존재라는 사실을 잘 보여 주죠. 지렁이는 땅속을 돌아다니며 토양을 비옥하게 만들고, 식물이 자라기 좋은 환경을 조성합니다. 지렁이가 없다면 우리가 먹는 건강한 채소와 과일도 없을지 몰라요. 지렁이는 정말로 지구를 살리는 작지만 강력한 일꾼이랍니다.

도토리거위벌레, 숲속의 톱쟁이

여름날 산길을 걷다 보면, 여기저기 참나무 가지가 땅에 떨어져 있는 모습을 볼 때가 있습니다. 잘 살펴보면 누군가 톱으로 정교하게 잘라 놓은 것처럼 깔끔하게 잘려 있죠.

"누가 이렇게 가지를 잘랐지?"

하고 의아해할 텐데, 그 주인공은 사람이 아닙니다. 그러니까 나무꾼도 아니고 인위적인 작업도 아니라는 것이죠. 바로 숲속의 작은 곤충, 도토리거위벌레입니다.

오늘은 이 작은 톱쟁이, 도토리거위벌레의 독특한 생활 방식과 숲속에서 벌이는 대활약을 알아보도록 하겠습니다.

도토리거위벌레는 최대 9㎜ 정도밖에 되지 않는 아주 작은 몸집을 갖고 있습니다. 반짝이는 광택과 회황색 털 덕분에 가까이서 보면 꽤나 앙증맞은 인상을 주죠. 그렇다고 이 녀석을 만만하게 봐선 곤란합니다. 필요할 때면 언제든지 '긴 주둥이'라는 무시무시한 무기를 꺼내 들 수 있으니까요.

이 주둥이는 힘도 세고 길이가 길어서, 작은 곤충이나 포식자를 위협하기에 제격이고, 도토리에 구멍을 내거나 나뭇가지를 자르는 공구로도 훌륭히 쓰입니다. 그래서인지 도토리거위벌레를 두고 숲속의 작은 조각가이자 만능 톱쟁이라 부를 만하다는 말이 나오나 봅니다.

그뿐만 아니라, 더듬이가 무려 11마디나 된다는 점도 눈길을 끕니다. 끝부분의 3마디는 곤봉처럼 부풀어 있어 정교한 작업에 유용하죠. 누가 봐도 작은 곤충치고는 마치 공구 벨트를 두른 목공예 전문가 같아 보입니다.

도토리거위벌레는 참나무 열매인 도토리와 찰떡같은 관계를 가지고 있습니다.

여름이 되면 이 곤충은 열심히 도토리를 찾아다니는데요. 도토리 위에 올라가서 긴 주둥이로 껍질에 작은 구멍을 뚫습니다. 왜 구멍을 뚫을까요? 바로 알을 낳기 위해서입니다. 주둥이로 구멍을 뚫고 산란관을 이용해 그 안에 알을 1~2개씩 낳죠.

땅에 떨어진 도토리를 보면 종종 작은 구멍이 뚫려 있는 것을 발견할 수 있습니다. 이 구멍은 도토리거위벌레가 남긴 흔적으로, 그 안에는 벌레가 낳은 알이 들어 있습니다. 호기심이 생기더라도 실험 삼아 도토리를 열어 보는 일은 하지 말아 주세요. 그 안의 알은 그걸로 끝입니다.

하지만 이야기는 여기서 끝이 아닙니다. 도토리거위벌레의 진짜 스킬은 이제부터 시작됩니다!

도토리거위벌레는 알을 낳은 도토리를 보호하기 위해 가지째 잘라 땅으로 떨어뜨립니다. 잎이 서너 장 달린 가지를 한꺼번에 자르는데요, 톱으로 자른 것처럼 정교하고 깔끔합니다. 가지를 딱 잘라낸 순간, 마치 "작업 완료!"를 외치는 듯한 모습이 떠오를 정도로 완벽하게 가지를 처리하죠.

근데 굳이 가지를 잘라서 땅에 떨어뜨릴 필요가 있나요? 묻고 싶죠? 네! 도토리거위벌레는 이 과정을 통해 자식들을 안전하게 키울 환경을 만들어 줍니다. 얘들 애벌레는 땅속에서 생활하거든요. 도토리가 나무에 매달려 있다면, 알에서 깨어난 유충이 땅으로 이동하기 어렵겠죠?

'그럼 도토리만 떨어뜨리면 되지 않을까?'

라고 생각할 수도 있겠지만, 가지와 잎까지 함께 잘라 떨어뜨리는 이유는 도토리가 땅에 떨어질 때 충격을 줄여 알이 손상되지 않도록 보호하기 위해서입니다. 이런 행동을 보면, 곤충계에서도 자식을 위한 계획이 이 정도라니, 싶어 절로 고개가 끄덕여집니다.

도토리거위벌레가 도토리에 구멍을 뚫는 데는 약 10여 분이 걸립니다. 그리고 본격적으로 가지를 자르기 시작하면 평균적으로 3~4시간 정도가 소요되죠. 가지가 얇다면 그나마 금방 끝나지만, 조금

이라도 두꺼운 가지라면 작업 시간이 더 길어지기도 해요.

생각해 보세요. 몸길이 9㎜밖에 안 되는 작은 곤충이 3~4시간 동안 톱질을 한다고요. 사람으로 치면, 손가락만 한 톱으로 아름드리 나무를 베는 것과 비슷할 겁니다. 벌레 입장에서 보면 정말 어마어마한 노력이 아닐 수 없습니다.

이 모든 노력이 끝나고 가지가 '툭!' 하고 떨어지면 도토리거위벌레는 마치,

"오우! 미션 완료!"

하며 다른 도토리를 찾으러 갑니다. 이 작은 곤충의 지칠 줄 모르는 끈기와 노력을 떠올리면, 우리의 하루도 조금 덜 힘들게 느껴지지 않을까요?

이런 힘든 작업에도 도토리거위벌레는 불평하지 않고, 묵묵히 작업을 이어 갑니다. "너 알아서 커라!"라는 태도는 절대 없어요. "내 새끼는 끝까지 내가 지킨다!"는 자세로 끝까지 책임을 다하죠. 이 얼마나 성실한 부모인가요?

도토리는 단지 먹이 창고로만 끝나는 것이 아닙니다. 두꺼운 껍질은 외부의 천적으로부터 유충을 보호하는 튼튼한 보금자리 역할도 하죠. 도토리거위벌레는 이 안전한 공간에 알을 낳고, 유충은 도토리 속에서 안전하게 자랄 수 있습니다.

게다가 이 시기의 도토리는 덜 익어서 아주 떫기 때문에, 도토리

를 좋아하는 어치나 다람쥐도 먹지 않습니다. 이는 도토리거위벌레에게 더할 나위 없이 안전한 환경을 제공하죠.

이 안에서 유충은 천천히 자라며 성장합니다. 만약 도토리가 나무 위에 매달려 있었다면 바람이나 포식자들에게 쉽게 노출되었을 테지만, 어미의 세심한 배려 덕분에 유충은 안전하게 땅에서 보호받을 수 있습니다.

유충이 충분히 자라면 도토리 껍질을 뚫고 나와 땅속으로 들어가 3~9㎝ 깊이에 흙집을 짓고 그곳에서 겨울을 납니다. 겨울이 지나면 번데기가 성충으로 변하고, 다시 나무 위로 올라가 어미가 했던 그대로 새로운 도토리를 찾죠. 이렇게 도토리거위벌레의 생애는 끊임없이 이어집니다.

모시나비의 이기적인 짝짓기

나비의 세계는 겉으로 보기에 화려하고 우아하지만, 그 이면에는 치열한 경쟁과 놀라울 정도로 이기적인 생존 본능이 숨겨져 있습니다.

나비는 마치 짝짓기를 위해 태어난 존재처럼 보입니다. 번데기에서 깨어나는 순간부터 시작되는 '짝 찾아 삼만 리' 여정은 그들의 삶에서 가장 중요한 과업입니다. 하지만 이 여정은 우리가 상상하는 낭만적이고 평화로운 그림과는 거리가 멉니다. 사실, 그들의 세계는 진지한 생존 게임의 장입니다. 이름하여 '내 유전자 남기기' 프로젝트라고 할 수 있죠.

나비 수컷들 사이의 짝짓기 경쟁은 말 그대로 치열합니다. 그중 일부 수컷들은 우리가 상상도 못 할 만큼 치밀한 전략을 펼치는데, 대표적인 예로 번데기에서 갓 깨어나는 암컷을 노리는 경우가 있습니다.

이들은 번데기 근처를 맴돌며 언뜻 보기엔 암컷이 태어나는 순간을 지켜보는 듯하지만, 사실은 그 찰나의 기회를 엿보고 있는 겁니다. 암컷이 막 번데기를 벗어났을 때, 날개가 아직 젖어 있고 마르

지도 않은 상태인 걸 알고 있으니까요. 이때를 놓치지 않고 수컷은 곧바로 짝짓기를 시도합니다. 이는 마치,

"날개야 나중에 펴면 되지!"

라고 말하는 것만 같죠.

문제는 이런 성급한 짝짓기로 인해 암컷이 날개를 제대로 펼치지 못하고 생을 마감하거나 평생 날지 못하게 되는 경우도 있다는 점입니다. 수컷들 입장에서는 '한발 앞선 전략'이지만, 암컷들에게는 삶을 망치는 잔인한(?) 전략일 뿐이죠.

짝짓기 이후에도 수컷들의 독점 욕구는 끝나지 않습니다. 오히려 더 독특한 방식으로 그들의 유전자를 보호하려는 노력이 이어집니다. 일부 수컷들은 암컷의 생식기를 봉인해 버리는 극단적인 방법을 사용하는데, 이를 '수태낭'이라고 부릅니다.

이 수태낭은 일종의 정조대 역할을 합니다. 다른 수컷이 접근할 기회를 원천 봉쇄하는 것이죠. 수태낭이 설치된 암컷은 다시는 다른 수컷과 짝짓기를 할 수 없게 되며, 결과적으로 한 번의 짝짓기로 수컷의 유전자가 독점적으로 다음 세대로 전달됩니다.

이런 상황에서 암컷의 입장은 전혀 고려되지 않습니다. 남겨진 암컷은 "진짜 너무한 거 아니야?"라고 항의하고 싶겠지만, 자연의 법칙 속에서 그런 항변은 무의미합니다. 수컷들에게는 자신의 유전자를 보존하는 것이 최우선 과제일 뿐이니까요.

모시나비는 몸집이 크고 비단처럼 은은하게 빛나는 날개를 가진 우아함의 상징 같은 존재입니다. 이러한 독특한 짝짓기 전략은 나비 세계 전반에 걸쳐 비슷하게 관찰되지만, 특히 모시나비의 사례는 주목할 만합니다.

암컷 모시나비는 날개가 크고 무거운 탓에 이동 속도가 느립니다. 이로 인해 수컷들에게는 쉽게 노출되죠. 수컷들은 암컷을 발견하면 서로 치열하게 경쟁하며, 몸싸움 끝에 암컷을 차지한 수컷은 다른 수컷들이 접근하지 못하도록 철저히 감시하기도 합니다. 이들의 집착 어린 행동은 마치 "내 짝은 내가 끝까지 지킨다!"는 선언과도 같습니다.

이 모든 과정을 인간의 눈으로 보면, 황당하거나 잔인하게 느껴질 수 있습니다.

"날개 좀 마르게 기다려 주지!"
"정조대라니, 이건 너무하잖아!"

라는 말이 절로 나올 법합니다. 그러나 이는 자연이 설계한 본능적 행동이며, 생존과 번식을 위한 진화적 산물입니다. 나비들은 그들 나름의 방식으로 삶의 필수적인 과제를 수행하고 있는 것이죠.

결국, 나비들의 이야기는 짝짓기에만 그치지 않습니다. 이는 자연이 설계한 생명 순환의 중요한 일부입니다. 우리가 나비를 보며 '참 아름답다'라고 감탄하는 동안, 그들은 보이지 않는 곳에서 치열한 경쟁과 끊임없는 노력으로 자신의 유전자를 남기기 위한 이야기를 써 내려가고 있는 것입니다.

가늘지만 강하다! 거미줄의 놀라운 힘

거미라고 하면 대부분 이렇게 생각하기 쉽죠.

'곤충 아니야?'

그런데 알고 보면 거미는 곤충과 완전히 다르다는 사실!

곤충은 다리가 6개에 머리, 가슴, 배로 딱 세 부분이지만, 거미는 다리가 8개에다가 '머리가슴'과 '배', 이렇게 두 부분으로 나누어져 있어요. 그래서 얼핏 보면 노린재나 사마귀처럼 다리가 여러 개인 곤충 같아 보여도, 사실은 곤충과는 분류 자체가 다른 존재입니다.

이 거미는 지구에서 아주 오래 살아온 경력을 자랑합니다. 공룡 전성기 이전부터 이미 바위틈이든 숲속이든 어디든 자유롭게 거미줄을 쳐 놓고 먹이 사냥을 하며 살아왔다는 것을 상상해 보세요. 그러고 보면, 거미가 왠지 전에 없던 아우라를 풍기는 느낌도 듭니다.

곤충과 거미를 헷갈리는 가장 큰 이유는 둘 다 작고 다리가 여러 개 달려 있기 때문일 것입니다. 그러나 실제 분류학적으로 보면 곤충과 거미는 서로 다른 강(綱)에 속합니다. 곤충은 '곤충강', 거미는

'거미강'으로 구분되죠. 오히려 전갈 같은 갑각류나 지네 같은 다지류가 더 가깝습니다. 곤충과 거미는 모두 절지동물문에 속하지만, 그 안에서 확실히 다른 갈래로 나뉜다는 점을 기억해 두면 좋겠죠.

또, 곤충 머리에는 멋진 안테나(더듬이)가 달려 있지만, 거미 쪽은 날카로운 '협각'을 자랑합니다. 이 협각으로 먹이를 붙잡고, 독액도 주입하고, 소화액도 분비해서 한 방에 먹이를 처리해 버리죠.

아울러 거미는 '방적돌기(실젖)'라는 독특한 기관에서 실을 뽑아내어 거미줄을 만들기도 합니다. 이 거미줄은 아주 미세해 보이지만, 실제로는 강철 못지않게 높은 인장 강도를 지니고 있어서 마치 튼튼한 끈처럼 다양한 용도로 활용할 수 있습니다.

거미줄의 주성분인 '스파이더 실크 단백질'은 가볍고 탄성이 좋아서, 연구자들은 이를 기반으로 보다 견고하고 유연한 신소재를 만들기 위해 끊임없이 탐구하고 있죠.

실제로 방탄복, 의학용 봉합사, 인공 신경 조직 등 여러 분야에서 거미줄을 활용할 가능성을 시험해 보는 중입니다. 그만큼 거미들이 만드는 얇고 질긴 실 한 가닥 속에는, 자연이 선사하는 놀라운 과학 원리가 담겨 있다고 할 수 있습니다.

놀랍게도, 거미들은 뜨겁다 못해 지글지글 타는 사막, 습기가 줄줄 흐르는 열대우림, 그리고 아무도 신경 쓰지 않는 마루 밑 구석까지— 거미가 정착 못 할 곳이 별로 없습니다.

거미가 얼마나 강인하고 뛰어난 적응 능력을 지녔는지 알 수 있는 예는 의외로 가까운 곳에서 찾아볼 수 있습니다. 예를 들어, 집 구석에 나타난 작은 거미를 보고,

"으악!"

하고 놀랄 때가 있지만, 사실 이 거미가 우리 집 주위에 살면서 파리나 모기 같은 해충을 잡아먹기도 하거든요. 사람 입장에선 해충을 줄여 주는 고마운 존재인 셈이죠.

자연계에서 어미 거미의 모성애는 생존을 위한 진화적 전략이자 감동적인 희생으로 빛납니다. 염낭거미(Eresus sandaliatus)와 스테고디푸스속(Stegodyphus) 거미는 새끼를 위해 자신의 몸을 바치는 독특한 행동으로 유명합니다.

염낭거미 어미는 알이 부화한 후 새끼들을 적극적으로 돌보며 먹이를 제공하지만, 새끼들이 성장 단계에 이르면 극적이게도 자신의 몸을 먹이로 내줍니다. 이는 단순한 죽음이 아닌, 다음 세대의 생존을 위한 최후의 투자인 셈이죠. 새끼들은 어미의 영양분을 흡수해 강인하게 성장하며, 어미는 이 과정에서 생을 마감합니다.

언뜻 보기에는 잔혹해 보이지만, 이는 제한된 환경에서 후세대의 생존률을 극대화하는 자연의 섬세한 전략입니다. 어미의 죽음은 새 삶의 토양이 되며, 유전적 세대교체의 숭고한 순환이자 자연이 빚어낸 가장 아름다운 몸부림이죠.

거미에게 달린 여러 개의 눈은 곤충의 겹눈과는 전혀 다른 방식으로 작동합니다. 대부분의 거미는 8개의 홑눈(카메라형 눈)을 갖고 있는데, 이는 곤충처럼 많은 화소를 동시에 보는 겹눈이 아니라 한 눈 한 눈 초점을 맞출 수 있는 구조죠.

특히 깡충거미(점핑 스파이더)처럼 시력이 뛰어난 거미들은, 망원경처럼 눈의 망막을 앞뒤로 움직여 초점을 조절합니다. 또 어떤 종은 망막이 여러 겹으로 이루어져 있어, 렌즈 자체를 움직이지 않아도 초점을 맞출 수 있다고 합니다. 이런 기능 덕분에 거미들은 사냥할 때나 주변 환경을 파악할 때 활용할 수 있으니, SF 영화 속 외계인을 떠올릴 만큼 독특하고도 놀라운 시각 체계를 가졌다고 할 수 있겠습니다.

어떤 나라에서는 거미를 식용으로 먹기도 하고 애완용으로 기르기도 하니, 우리가 '혐오 동물'이라고 칭하기에는 생각보다 아주 유익한 존재라는 거죠.

혹시 집 구석에서 거미를 발견했을 때, 너무 놀라서 무조건 없애려고만 했다면 이제부터 '잠깐!' 한 번쯤 생각해 보는 건 어떨까요? 어쩌면 그 순간, 우리가 자연과 더 깊이 연결되는 계기가 될지도 모릅니다.

밀리미터, 센티미터, 노래기와 지네

노래기와 지네를 보면 대부분 '으악!' 하고 놀라거나 서둘러 피하게 됩니다. 길고 가느다란 몸에 다리가 잔뜩 달려 있으니 기겁하기 딱 좋아 보이지만, 실은 자세히 들여다보면 꽤 재미있는 부분이 많습니다.

특히 노래기는 영어로 '밀리피드(millipede)', 지네는 '센티피드(centipede)'라고 부르는데, 이것이 각각 '밀리미터 다리'와 '센티미터 다리'라는 뜻이라는 사실, 혹시 알고 있었나요?

노래기와 지네는 다리가 많다는 공통점이 있지만, 그 구조와 특징에서 뚜렷한 차이를 보입니다. 노래기는 몸 한 마디마다 두 쌍의 다리가 달려 있어, 작은 눈금처럼 빼곡하게 배열된 모습이 마치 '밀리미터 눈금자'를 연상시킵니다. 이 때문에 '밀리미터 다리'라는 별명이 붙었죠.

반면, 지네는 한 마디에 한 쌍의 다리만 있어 상대적으로 간격이 넓어 보이기 때문에 '센티미터 다리'로 불립니다.

또한, 지네는 머리 쪽에 강력한 '턱발(독니)'이 달려 있어 사냥할 때 먹이를 꽉 물고 독을 주입할 수 있습니다. 이는 노래기와 구분되는 지네만의 무시무시한 특징이죠. 이처럼 노래기와 지네는 다리 배열뿐만 아니라 생태적 특성에서도 독특한 차이를 보입니다.

노래기는 주로 썩은 낙엽이나 나무를 먹으며 조용히 땅을 비옥하게 만들어 주는 '부패물 처리반', 지네는 살아 있는 곤충을 잡아먹는 '포식자' 역할을 한다고 보면 됩니다.

그런데 말이죠, 호주에는 발이 무려 1,000개가 넘는 노래기 종이 발견되었다고 합니다. 생각만 해도,

"내가 대체 어느 발이 지금 가려운 거야?"

하고 혼란에 빠질 것 같죠? 가려운 곳을 찾을 동안 벌써 밤이 될 듯싶습니다.

이쯤에서 떠오르는 재미난 얘기가 하나 있어요.

어느 날, 노래기 엄마가 아기 노래기에게 이렇게 말했대요.

"애야, 가서 아이스크림 한 통 사 올래?"

아기 노래기는 신나서 '네에에!' 하고 대답을 하고 나가더니, 한참이 지나도 돌아오지 않았어요. 엄마 노래기가 이상해서 밖을 내다봤더니… 글쎄, 아직 신발을 신고 있더래요. 그것도 아직 절반도 안 신었대요.

그 많은 다리에 신발을 모두 신으려면, 나가는 데만 몇 시간이 걸릴 테니, 아이스크림은커녕 가게가 문을 닫고도 남았겠죠. 설상가

상, 어떤 발이 가려울 때마다 신발을 다시 벗었다 신었다 해야 할지도 모를 일이니, 노래기 입장에서 삶이란 실로 심오합니다.

자, 그렇다면 지네 입장에서는 어떨까요?

"아니, 내가 노래기처럼 다리가 두 쌍씩 있는 것도 아닌데 왜 사람들은 똑같이 '으악!' 하고 기겁을 하는 거야?"

라고 억울해할 수도 있죠. 그런데 지네도 엄연히 다리가 많고, 또 독니가 있으니 '혹시 나 물리는 거 아니야?' 하는 불안감 때문에 사람이 더 무서워하는 것 같아요.

실제로 지네는 공격성이 아주 강한 편은 아니라서, 괜히 건드리지만 않으면 먼저 달려들지는 않는다고 합니다. 마치,

"나 독 있는 거 알지? 그러니까 괜히 시비 걸지 마!"

하며 슬쩍 경고하는 수준이라는 거죠.

그렇다고 해서, 지네를 함부로 만져서는 안 됩니다. 노래기는 그냥 동그랗게 몸을 말고 방어 태세를 취하지만, 지네는 잘못 건드리면 "짜증 났어!" 하면서 무는 경우도 있으니 조금 조심하는 편이 낫죠.

한편, 노래기는 특유의 냄새를 풍기는데, 괜히 노래기겠어요? 노린내가 나니까 노래기죠! 냄새로도 '건들지 마!'라고 경고하는 셈입니다.

그럼에도 불구하고, 노래기나 지네 둘 다 생태계에서는 나름대로 열일을 합니다. 노래기는 썩은 낙엽 등을 분해해 흙에 영양을 공급해 주고, 지네는 곤충이나 다른 동물의 개체 수를 조절해 주니 생태계 균형에 도움이 되는 존재인 거예요.

예를 들어, 여러분이 "헉, 노래기가 집에 들어왔어!" 하며 기겁할 때, 사실은 그 친구가 웬만한 가정집 안에서 부패물을 찾긴 어렵겠지만, 그래도 남모르게 바닥 구석이나 베란다 근처를 열심히 청소(?) 중일 수도 있어요. 지네도,

"이 집 곤충 상당히 많네? 맛집이야!"

하며 바퀴벌레나 노래기 같은 걸 잡아먹을 수도 있으니, 의외로 든든한 파트너가 될지도 모르죠.

물론 너무 자주 나오면 심장이 좋지 않을 만큼 놀랄 수도 있으니, 너는 나가고, 나는 내 마음의 평화를 지키고⋯ 하며 적절히 바깥으로 안내해 주는 게 서로에게 이로운 길이겠죠.

일단, 지네에겐 직접 손을 대면 안 되고, 안전하게 책받침이나 쓰레받기 같은 걸 써서 살살 밖으로 내보내 주는 것이 좋습니다. 파리채로 때려잡는 사람도 있던데, 그건 동물 학대에 해당할 수도 있습니다.

결국 다리가 많아서 징그럽다고만 생각하기엔, 노래기와 지네 모두 생태계의 소중한 역할을 맡고 있어요. 이들을 무조건 '나쁜 벌

레!'라 부르기엔 미안하잖아요.

　단지 징그럽다는 이유만으로 미워하는 건, 겉모습이나 형편만 보고 사람을 무작정 싫어하는 것과 크게 다르지 않을지도 모릅니다. 이 친구들이 수십, 수백 개의 다리로 무엇을 하며 살아가는지 잠깐이라도 생각해 보면 어떨까요?

나비의 마침표, 이야기의 시작

여러분, 이 나뭇잎을 한번 자세히 보세요. 여기 아주 작은 점이 하나 있습니다. 보이나요? 이 조그만 점은 한 마리 나비가 생을 마치기 전에 조용히 남겨 놓은 마침표입니다.

그런데 우리가 아는 마침표랑은 좀 다릅니다. 이야기가 끝나는 곳에 찍는 마침표가 아니라, 새로운 이야기를 여는 시작점이죠.

나비는 생을 마감하기 전에 이 점을 남기고 떠났지만, 이 점 안에는 생명이 깃들어 있습니다. 머지않아 이 점 속에서 작은 애벌레가 깨어나 첫발을 내딛게 될 겁니다. 이쯤 되면 궁금해지죠. 도대체 애벌레는 어떻게 혼자 힘으로 그렇게 멋진 나비가 되는 걸까요?

동물들은 대개 새끼를 낳으면 일정 기간 양육을 합니다. 먹이를 주고, 가르치고, 사랑을 주죠. 그런데 곤충들은 어떨까요? 알을 품거나 젖을 먹이는 곤충은 없듯이, 곤충 세계에서는 그런 부모의 서비스는 기대할 수 없습니다.

어미 나비의 유일한 배려라고는 먹이식물을 찾아 그곳에 알을 낳는 것입니다. 그렇다고 어미 나비가 몰인정해서 그런 것은 아닙니다. 다른 곤충들도 마찬가지겠지만, 나비에게는 그리 긴 시간이 주어진 게 아니라서 자기가 살아 있는 동안 되도록 많은 알을 낳아 생존의 확률을 높여야 하기 때문이죠.

작은 알에서 깨어난 애벌레는 혼자서 모든 걸 해결해야 합니다. 먹을 것? 직접 찾아야 합니다. 천적? 피해 다녀야죠. 그 와중에 자신을 계속 성장시키며 아무도 몰래 껍질을 벗으며 몸을 키워 갑니다.

그러다 어느 순간, 애벌레는 번데기가 됩니다. 여러분, 번데기를 한번 상상해 보세요. 좁고, 어둡고, 답답하죠. 마치 세상과 단절된 작은 감옥 같습니다. 창문도 없고 화장실도 없고 외로움과 정적 속에서, 마치 시간이 멈춘 것처럼 느껴지기도 하죠. 그런데 이곳에서 애벌레는 특별한 꿈을 꿉니다.

"나는 파란 날개를 달 거야!"
"나는 노란 날개…."

라고 다짐하며 자신만의 이야기를 준비합니다.

이 작은 공간에서 애벌레는 꿈을 통해 한계를 넘어설 준비를 하는 것이죠. 일종의 '반지하 자취방'에서 미래를 도모하는 청춘이라고나 할까요? 언젠가는 자신이 원하는 날개를 달고 훨훨 날아오를 준비를 하는 겁니다.

저는 한때 나비에 푹 빠져서 수백 마리의 나비를 키운 적이 있습니다. 작은 알에서 깨어난 애벌레들의 충직한 집사 역할을 했죠.

애벌레 집사는 생각보다 쉽지 않습니다. 매일 밥을 주고 똥을 치우면서 하나하나 보살펴야 하니까요. 먹이가 떨어지면 한밤중에도 나가서 먹이를 구해야 했어요. 그때 제 별명이 '애벌레 아빠'였습니다. 별로 멋지진 않지만, 애벌레들에겐 없어서는 안 될 아주 중요한 존재였죠.

드디어 번데기가 열리고 나비가 세상에 모습을 드러내는 순간은 정말 감동적입니다. 젖은 날개를 천천히 퍼덕이며 세상에 첫발을 내딛는 나비의 모습은 마치,

"안녕, 세상아! 내가 왔어!"

라고 선언하는 듯하죠. 새로 태어난 나비는 젖은 날개를 말리고 펼치며 서서히 자신만의 아름다운 패턴을 드러냅니다.

이럴 때 저는 손가락을 조심스레 내밀어 주는데, 나비는 손가락을 나뭇가지로 착각하고 살금살금 올라옵니다. 그 순간, 그 나비와 저는 잠시 친구가 되는 거죠. 저는 살짝 손을 들어 올려 나비가 하늘로 날아갈 수 있도록 도와줍니다.

손가락 위에서 나비가 날개를 활짝 펴고 바람을 느끼는 모습은 정말 아름다워요. 처음 하늘에 날개를 펼칠 때의 고요한 빛깔은 때 묻지 않은 순수 그 자체예요.

드디어 마음의 준비를 마친 나비는 날개를 펄럭이며 하늘로 날아오릅니다. 이 순간, 나비 한 마리가 날아오르며 세상엔 작은 아름다

움이 하나 더 늘어납니다.

햇빛을 받아 반짝이는 날개는 하늘에 작은 그림을 그리며 나비 무늬를 새겨 넣습니다. 이 작은 존재가 만들어 내는 특별한 순간은 마치 자연이 우리에게 선사하는 최고의 예술 작품처럼 느껴집니다.

자연에서 나비가 되는 건 정말 어렵습니다. 나비 한 마리가 100개의 알을 낳으면 그중 한두 마리만이 무사히 나비가 됩니다. 나머지는 천적의 먹이가 되거나, 가혹한 환경에 적응하지 못해 사라지곤 하죠. 이 치열한 생존의 과정은 자연의 섭리를 보여 주지만, 때로는 안타까운 마음을 자아냅니다.

나비가 되지 못한 99마리의 애벌레들을 떠올리면 마음 한편이 먹먹해집니다. 그들 역시 나름대로 '파란 날개', '노란 날개' 하며 하늘을 나는 꿈을 꾸었을 텐데요. 그러나 그 꿈을 이루지 못한 채 생을 마감한 애벌레들의 이야기는 어쩌면 우리 삶 속에도 숨어 있는, 이루지 못한 수많은 꿈들과 닮아 있는지도 모릅니다.

그래서인지 요즘은 나비의 화려함보다, 꿈을 품고 끝까지 살아가려 했던 99마리 애벌레들의 여정에 더 마음이 갑니다. 그들의 짧은 생이 보여 주는 강인함과 애씀은 우리가 자연을 바라보는 시선마저 바꾸게 합니다.

그런데 곰곰이 생각해 보면, 나비의 이야기도 거기서 끝난 게 아닐지도 모릅니다. 무슨 말이냐 하면, 나비의 마침표에서 새로운 생명이 시작되듯이, 새의 먹이가 된 애벌레는 새의 깃털이 되고, 눈이 되고, 목소리가 되어 또 다른 삶을 이어 갑니다.

자연은 이렇게 끊임없이 순환하며 모든 존재를 서로 이어 줍니다. 새가 다시 땅으로 돌아가 양분이 되면, 그 양분은 또 다른 생명을 키우며 새로운 이야기를 만들어 가니까요.

여러분, 숲 하면 뭐가 떠오르시나요?

푸른 나무, 산들거리는 바람, 새소리…. 하지만 정작 숲을 지탱하는 것은 이 작은 생명들입니다. 보이지도 않을 만큼 작고 평범한 알, 애벌레, 번데기 같은 존재들이 없었다면 우리가 즐기는 이 멋진 숲도 존재하지 않았을 거예요.

숲을 진정으로 사랑한다면, 이 작은 생명들의 이야기를 잊지 말아야 합니다.

2장

우리 숲의 풀과 꽃,
나무 이야기

"자연과 생명이 이어지는 방식에
조금 더 마음을 기울이는 일,
우리가 자연과 함께 살아가는 방법 아닐까요?"

모감주나무, 씨앗의 시간을 찾아서

도심의 공원을 걷다가 노란 꽃잎이 비처럼 내리는 모습을 본 적 있나요?

마치 금가루가 바람에 흩날리는 것처럼 황홀한 풍경을 선사하는 나무, 바로 모감주나무입니다.

이 나무는 우리나라에서 '염주나무'라고 불리기도 합니다. 씨앗을 염주처럼 엮어 쓰기도 해서 그렇죠. 그런데 영어 이름은 매우 낭만적입니다. '골든 레인(Golden Rain)', 황금빛 비라니, 얼마나 시적인 이름인가요?

모감주나무는 꽃도, 열매도 참 독특하지만, 무엇보다 그 씨앗을 대하는 방식이 인상적이에요.

대부분의 나무는 가을이 되면 씨앗을 떨구고, 그 씨앗은 겨울 동안 흙 속에서 쉬다가 봄 햇살을 맞아 싹을 틔우죠. 그런데 모감주나무는 조금 다릅니다. 봄이 와도, 심지어 여름이 와도 씨앗을 가지에 매달고 있는 경우가 많습니다.

한 해가 지나 올해 새싹이 돋고 꽃이 피어도, 작년 씨앗을 여전히 품고 있는 모습은 마치 오래된 추억을 쉽게 놓지 못하는 사람 같아요. 느긋하기도 하고, 고집스러워 보이기도 하죠.

그렇다면 모감주는 왜 이렇게 늑장을 부릴까요? 씨앗은 흙냄새를 맡아야 싹이 잘 트는 법인데, 모감주는 무슨 이유로 이렇게 여유를 부리는 걸까요?

이 나무의 씨앗은 꽈리처럼 생긴 작은 주머니에 들어 있습니다. 주머니를 열어 보면 동글동글한 씨앗들이 작은 승객처럼 나란히 자리 잡고 있습니다. 꼭 작은 나뭇잎 배처럼 보이죠?

사실 이 씨앗 주머니는 바람과 물결을 따라 먼 바다를 항해하기 위한 비밀스러운 전략을 품고 있습니다. 바다를 넘는 씨앗의 모험이라니, 왠지 판타지 소설 같기도 합니다.

모감주는 원래 중국 해안가에 뿌리를 내린 나무예요. 씨앗들은 바다를 건너 우리나라 해안에도 정착했습니다. 거제도나 안면도 같은 곳에서 매년 장마철이 되면 샛노란 꽃을 피워 내죠. 바람에 꽃잎이 날릴 때면, 정말 금빛 가루가 흩날리는 것처럼 아름다워요.

식물의 씨앗은 만들어지자마자 사실상 휴면 상태에 들어갑니다. 생명 활동을 멈추고 자신만의 고요한 시간을 보내는 거죠. 발아는 그냥 시간이 지나면 되는 일이 아니에요. 적당한 온도와 충분한 수분, 그리고 적합한 환경이 맞아떨어져야만 가능하죠. 이를 '발아의 동기화'라고 부릅니다.

얼마 전, 천 년 된 연꽃 씨앗이 발아해서 꽃을 피웠다는 이야기가

있었죠. 천 년 동안 그 씨앗은 고요히 기다렸습니다. 그리고 어느 날 마침내,

"이젠, 내 시간이야!"

라고 스스로 속삭이며 깨어난 거예요.
모감주나무 씨앗도 마찬가지입니다. 지금 당장 땅에 떨어져야 할 이유가 없어요. 올봄이 아니어도 괜찮고, 내년 봄이어도 상관없습니다.
씨앗들은 대부분 자신만의 시간을 가집니다. 고요 속에서 적당한 때를 기다리는 거죠. 더욱이 모감주 씨앗은 단단한 껍질로 싸여 있어 쉽게 썩지도 않아요. 바닷물에도 끄떡없고, 험한 바람에도 견딜 수 있는 그 껍질 덕에 생명은 안전하게 보호됩니다.
재미있는 사실은 풀과 나무의 씨앗들이 대부분 한꺼번에 발아하지 않는다는 거예요. 마치 전쟁터에서 군대가 선발대, 주력부대, 후위부대로 나뉘어 움직이는 것처럼, 씨앗도 순차적으로 발아합니다. 만약 한꺼번에 싹을 틔웠다가 환경 변화나 천재지변이 닥치면 전멸할 수 있잖아요. 그래서 자연은 이런 식으로 생존 확률을 높입니다.

자연은 농부가 당장 수확해야 하는 한 해 농사와는 다릅니다. 백 년, 천 년을 내다보는 느긋한 전략으로 흘러가죠. 모감주나무가 그렇게 서둘러 배를 틔울 이유가 없는 거죠.

자연은 종종 우리에게 삶의 리듬을 가르쳐 줍니다. 세상은 늘 빠르게 변화하지만, 어떤 씨앗은 느린 시간 속에서 자신의 때를 기다립니다.

"너무 서두르지 않아도 괜찮아요."

묵은 씨가 된다고 해서 실패한 것이 아니고, 조금 늦게 핀 꽃이라고 해서 그 아름다움이 덜하지 않으니까요.

명품 브랜드 나무, 포플러

이 나무, 여러분도 잘 아시죠? 바로 포플러(Populus)입니다.

포플러는 사시나무속에 속하는 나무들을 통칭하는 이름으로, 유럽, 아시아, 북아메리카 등 전 세계적으로 분포하고 있습니다.

포플러의 이름은 참으로 뜻깊은데요, '더 피플즈 트리(The people's tree)', 즉 '군중의 나무'라는 의미를 가지고 있습니다. 이는 포플러가 넓고 시원한 그늘을 제공하기 때문에 사람들이 많이 모이는 공원, 광장, 도로변 등 공공장소에 많이 심어져 왔기 때문이죠. 사람들과 함께해 온 오랜 역사 속에서 자연스럽게 이런 의미가 붙지 않았을까 생각됩니다.

프랑스에서는 나폴레옹이 이 나무의 진가를 제대로 알아봤습니다. 그는 병사들이 긴 행군 중에도 잠시라도 그늘에서 쉴 수 있도록, 도로를 따라 포플러를 심으라는 명령을 내렸습니다.

그래서 지금도 프랑스 곳곳에 '나폴레옹 길'이라는 이름의 도로가 남아 있죠. 그 길을 따라 서 있는 포플러들은 마치 나폴레옹의 배려를 잊지 말라는 듯, 여전히 사람들에게 그늘과 평온한 쉼터를 제공하고 있습니다.

하지만 포플러가 단지 병사들을 위한 나무였을까요? 그렇지 않습니다. 프랑스 예술사에서도 포플러는 빼놓을 수 없는 중요한 존재였습니다. 세잔과 모네 같은 화가들은 이 나무의 아름다움을 화폭에 담아냈죠.

특히 모네의 연작 〈포플러 시리즈〉에서는 강가에 서 있는 포플러 나무들이 다양한 시간대와 계절에 따라 어떻게 변화하는지를 섬세하게 포착했습니다. 그의 그림을 통해 포플러가 있는 프랑스의 평화로운 전원생활을 상상할 수 있습니다.

그런데 여러분, 포플러라는 동요를 아시죠? '포플러 잎사귀는 작은 손바닥…' 이렇게 시작하는 노래인데요. 중간에,

'언덕 위에 가득, 아아아 저 손들— 나를 보고 흔드네.'

하는 부분이 아주 좋아요. 이 노래 덕분에 포플러는 우리나라 사람들 마음에도 이름을 남긴 나무가 아닐까 싶습니다. 잎사귀의 생김새가 손바닥을 닮았다고 노래로까지 표현되다니, 이 나무 참 동화적이지 않나요?

이 나무는 실용성에서도 독보적입니다. 1·2차 세계대전 때 폭발적으로 증가한 목재 수요를 해결하기 위해 1942년 프랑스에는 국가 '포플러위원회'가 설립되었고, 1947년에는 UN에서 '국제 포플러위원회'까지 창립되었습니다. 이 덕분에 포플러는 국제적으로 증식과

재배가 장려되며, 숲을 더욱 풍성하게 만들었죠.

국내에서도 포플러의 한 종류인 은백양과 양버들이 1900년 전후 선교사들에 의해 도입되어 공원수로 심어졌고, 포플러와 비슷한 미루나무는 일제강점기에 들어왔습니다.

포플러는 19세기 프랑스에서 또 하나의 특별한 가치를 인정받았습니다.

당시 프랑스의 한 장인이 이 나무를 활용해 가방을 만들기 시작했는데요, 지금처럼 캐리어나 가죽 가방이 주류가 되기 전, 옛날엔 나무 상자 형태의 가방이 많았습니다. 이 장인은 가볍고 질긴 포플러로 만든 상자에 고급스러운 가죽을 덧대고, 독특한 문양을 새겨 넣어 특별한 가방을 제작했습니다.

이 가방이 뭔지 아시나요? 바로 전 세계적으로 명성을 떨치고 있는 명품 브랜드, 루이비통입니다. 덕분에 포플러는 '명품 브랜드 나무'라는 별칭까지 얻게 되었죠.

그런데 우리나라에서도 이 나무로 뭔가를 만들긴 하는데, 그건 바로 이쑤시개라고 합니다. 이렇게 멋진 나무가 그저 이쑤시개로 사용된다니 조금 아까운 생각도 없잖아 들죠?

포플러의 아름다움은 단지 외형에 그치지 않습니다.

이 나무는 잎이 앞뒤로 광합성을 할 수 있는 독특한 구조를 가지고 있어 생장이 빠른 것으로 유명합니다. 특히 긴 잎자루 덕분에 바람을 타며 마치 아침 햇살에 반짝이는 윤슬처럼 빛나는 모습은 자연의 우아함을 그대로 담아냅니다. 그런데 이 긴 잎자루는 외적인 아름다움만을 위한 것이 아니라, 또 다른 중요한 이유가 있습니다.

포플러는 주로 물가에서 잘 자라기 때문에, 습한 환경에서 자주 접하는 곰팡이 문제를 해결하기 위해 특별한 방식으로 진화했습니다. 잎사귀로 바람을 일으켜 공기를 순환시키고, 수분과 습기를 자연스럽게 제거해 나무를 건강하게 유지하는 것입니다.

또한 포플러 나뭇잎은 앞뒤 모두에서 광합성을 할 수 있는 양면형 잎 구조를 가지고 있습니다. 잎 앞면은 햇빛을 직접 받고, 뒷면은 반사된 빛이나 산란광을 활용하여 광합성을 하죠. 이렇게 앞뒤 모두에서 광합성을 하면 단위 면적당 에너지 생산량이 크게 증가하게 됩니다. 따라서 빠른 성장에 필요한 에너지를 효율적으로 생산할 수 있습니다.

이처럼 자연이 빚어낸 정교한 설계 덕분에, 포플러는 '바람의 조율사'라 불릴 만한 나무입니다. 길고 유연한 잎자루가 만들어 내는 바람은 나무를 보호하고 숲의 균형을 맞추는 자연의 섬세한 손길과도 같습니다.

수풀 속의 빌런, 환삼덩굴

　환삼덩굴이라는 이름, 들어 본 적 있나요? 조금 낯설게 들릴지도 모르겠지만, 환삼덩굴은 숲속에서 독특한 존재감을 뽐내는 식물이에요. 오늘은, 얄미울 만큼 끈질기지만 동시에 묘한 매력을 가진 이 식물에 대해 이야기해 보려고 합니다.

　환삼덩굴은 한해살이 덩굴풀로, 한약재 이름으로는 '율초'라고도 불려요. 율이라니, 이름만 들으면 애니메이션에 나오는 주인공 이름처럼 귀엽게 들릴지도 모르지만, 이 친구는 그렇게 순진하지 않습니다.

　줄기에는 작은 가시들이 촘촘히 박혀 있어서 만지면 따끔따끔 가려워요. 장갑을 껴도 찔릴 정도니 맨손으로는 절대 만지면 안 됩니다. 특히 여름날 반바지 입고 근처에 갔다가는 종아리가 이 친구의 스크래치 작품 전시장으로 전락할지도 모릅니다.

　환삼덩굴은 번식력이 어마어마합니다. 덩굴을 뻗어 다른 식물을 타고 올라가며 그 위를 완전히 뒤덮어 버리는데요, 그 아래 식물들은 햇빛을 받지 못해 결국 시들고 맙니다. 정말 얄미울 정도로 강한 생명력을 자랑하죠.

　게다가 낫으로 잘라 내도 덩굴이 엉키고, 뿌리째 뽑으려 해도 워낙 단단해서 만만치 않습니다. 심지어 예초기까지 고장을 낼 정도로 끈질기니, 대단하다는 말이 절로 나옵니다.

이 가시 돋친 줄기와 잎에도 의외의 '팬'이 있습니다. 바로 네발나비들입니다. 겨울 동안 성충으로 겨울잠을 자는 네발나비들은 봄이 되면 환삼덩굴에 알을 낳습니다. 환삼덩굴은 이들에게 독특한 서식지가 되는 셈입니다. 이렇게 환삼덩굴은 나비들에게 산란처이자 보금자리가 되어 줍니다.

또한, 엉겅퀴밤나방 역시 환삼덩굴을 기주식물로 삼습니다. 이름만 보면 엉겅퀴에서 사는 나방 같지만, 실제로는 애벌레들이 환삼덩굴에서 주로 발견됩니다. 어쩌면 환삼덩굴은 사람들에게는 골칫거리일지 몰라도, 곤충들에게는 생명의 터전일지도 모르겠습니다.

환삼덩굴의 또 다른 골칫거리는 꽃가루입니다. 알레르기를 유발하는 대표적인 원인 중 하나거든요. 비염이 심한 사람들은 이 꽃가루 때문에 콧물이 줄줄 나고 재채기를 멈출 수 없어요. 혹시 가을에,

"도대체 누가 이렇게 나를 괴롭히는 거야?"

라고 코를 훌쩍이며 생각해 보셨다면, 환삼덩굴이 범인일 가능성이 높습니다.

그리고 여름이면 환삼덩굴이 자기만의 보디가드를 고용하는데, 바로 말벌입니다. 이 녀석들, 환삼덩굴 주위를 어슬렁거리며 자신

들만의 작은 왕국을 세우죠.

만일 누군가 환삼덩굴을 제거하려고 예초기를 돌리면, 말벌 경호대가 "누가 우리의 클라이언트를 건드려!" 하며 떼로 달려들지도 모릅니다. 직접 공격하진 않지만, "나를 건드리면 내 친구들을 부르겠어!" 하고는 말벌을 소환하는 초능력을 가진 듯하죠. 여름날, 예초기를 들고 덩굴에게 다가가기 전에 꼭 한번 생각해 보세요.

'내가 말벌과 100m 달리기 경주를 할 준비가 되었는가?'

환삼덩굴과 말벌이 함께하는 이 자연의 협공에 속수무책이 되지 않으려면, 멀찌감치 피하는 것이 상책입니다. 환삼덩굴, 이름은 귀엽지만 주위엔 이렇게 함정투성이죠.

물론, 환삼덩굴이 꼭 나쁜 점만 있는 건 아니에요. 환삼덩굴은 혈압을 낮추고 이뇨 작용을 돕는 약재로 쓰인다고 해요. 줄기와 잎의 가시만 잘 제거하면 나물로도 먹을 수 있는데요, 특히 봄철 새순이 돋아날 때가 딱 그 순간이에요. 이때는 마치,

"나 아직 아기야, 가시는 아직 안 나왔어!"

라고 외치는 듯한 순진한 모습으로 등장하죠. 그리고 맛이 의외로 상큼합니다. 샐러드에 넣으면 그럴싸한 봄의 향기를 선물해 주죠.

게다가 다른 풀들이 눈치 보며 나올까 말까 하는 사이, 환삼덩굴

새순은 "이 몸이 먼저다!" 하며 잽싸게 고개를 내밉니다. 열두어 개씩 한 모둠으로 뭉쳐 나오니, 찾기도 쉽고 뽑기도 쉬워서, 봄날 산책 중에 자연산 샐러드 재료를 공수할 수도 있습니다.

이렇게 샐러드로 즐기면, 자연스럽게 녀석의 장악력을 약화시킬 수 있답니다. 봄철에 환삼덩굴 새순으로 요리하며 자연도 돕고 맛도 즐기는 일석이조의 지혜, 꼭 활용해 보세요!

하나 재미있는 사실은, 환삼덩굴에 탈모 예방 성분이 들어 있어서 샴푸 같은 제품의 원료로 쓰인다는 거예요.

그리고 이 친구는 맥주의 원료로 쓰이는 홉과 비슷한 속 식물이라서 환삼덩굴로 맥주를 만드는 실험도 진행되고 있다고 합니다. 실제 영어 이름도 재패니스 홉(Japanese hop)입니다. 상상해 보세요, 환삼덩굴로 만든 맥주는 과연 어떤 맛일까요? 혹시 조금 까슬까슬하거나, 덩굴처럼 톡 쏘는 맛이 나지 않을까요?

하지만 환삼덩굴은 여전히 문제로 여겨지고 있습니다. 다른 식물들을 덮어 버리고 자신의 생존만을 추구하는 특성 때문에 생태계 교란종으로 분류되었습니다. 따라서 일정 수준의 퇴치와 관리가 필요한 식물입니다.

그럼에도 환삼덩굴은 자연 속에서 나름의 역할을 하고 있습니다. 때로는 골칫덩어리처럼 보일지 몰라도, 환삼덩굴은 연약한 나비의 알을 품으며 생태계의 일부로서 중요한 역할을 하기도 합니다. 이렇게 보면, 이 식물도 그저 얄밉기만 한 존재는 아닌 것 같죠?

박태기나무의 매력적인 하트 잎사귀

오늘은 성이 '박'씨고 이름이 '태기'인 아주 특별한 나무 한 그루를 소개해 드리겠습니다. 바로 박태기나무입니다.

먼저, 이 박태기나무의 집안 배경부터 살펴보겠습니다. 콩과에 속하는 박태기나무는 중국이 고향이지만, 한국과 일본에서도 오래전부터 자란 덕분에 동아시아 전역에서 친숙하게 볼 수 있습니다. 게다가, 해외에서는 '차이니스 레드버드(Chinese redbud)'라고 부르는데요. 이름에서 알 수 있듯이 '중국산 붉은 봉오리'를 가진 나무라는 뜻으로, 빨갛게 피어나는 꽃을 딱 표현한 명칭이죠.

이쯤에서 궁금해지는 것이 바로 이름의 어원입니다. 박태기나무 이름은 '밥풀떼기'나 '밥티기'에서 왔다는 설이 있습니다.

'아니, 박태기랑 밥풀이랑 대체 무슨 상관?'

하실 텐데, 꽃봉오리가 밥알처럼 동글동글 붙어 있는 모습에서 비롯한 별명이 시간이 흐르며 '박태기'로 바뀌었다는 겁니다. 게다가 지방마다 부르는 이름도 달라서, 북한에서는 꽃봉오리가 구슬 같다며 '구슬꽃나무'라 하고, 어떤 곳에선 '밥티나무'로 부르기도 합니다.

나무 이름들은 대개 구전이 되다 보니 쉽게 변형되고, 지금은 기록으로 남겨지면서 정착한 것이죠.

자, 이제 외모를 살펴볼까요? 박태기나무는 키가 3~5미터쯤 자라는 아담한 나무로, 여러 갈래로 갈라진 줄기가 포기를 이루며 제멋대로 자라는 듯한 매력을 뽐냅니다. 잎은 반질반질하고 둥근 하트 모양이라, 한 번 보면 누구나 이렇게 감탄하게 되죠.

"잎사귀가 마치 연애편지 같네!"

박태기나무는 잎 하나로도 이미 로맨틱한 분위기를 장착한 셈입니다.

그리고 봄이 오면, 잎이 나오기 전에 자주색이나 분홍색 꽃들이 가지마다 잔뜩 피어나기 시작합니다. 그런데 가지뿐만 아니라 줄기나 몸통에서까지 꽃이 마구 튀어나오는 겁니다. "어? 몸통에도 꽃이 피네?" 하고 놀라며 웃게 되는 이 독특한 개화 방식은 박태기나무의 특별한 매력 포인트입니다. 마치 나무가,

"나 팔꿈치에도 꽃 피울 거야, 뭐 어때?"

하고 자유분방한 성격을 자랑하는 것 같죠.

다만, 꽃이 예쁘다고 덥석 입에 넣었다가는 큰일 날 수 있으니 주

의하세요. 이 꽃에는 약간의 독성이 숨어 있습니다. 그러니 박태기나무와의 로맨스는 멀찍이서 감상만 하며 즐기는 걸로 만족해야겠죠? 나무의 독특한 매력을 보며 마음은 채우되, 입은 채우지 않는 걸로!

  콩과 식물의 특성도 빼놓을 수 없습니다. 콩과답게 뿌리혹박테리아와의 공생을 통해 공기 중 질소를 토양에 흡수시켜 땅을 기름지게 만들죠.

  그런가 하면, 박태기나무는 콩과 식물의 전형적인 특징에서 벗어난 독특한 구조를 가지고 있기도 합니다. 콩과 식물의 꽃은 보통 수술이 10개 있으며, 이 중 9개의 수술은 아랫부분에서 서로 붙어 관처럼 연결되고(단체 수술), 나머지 1개는 따로 떨어져(자유 수술) 있는 구조를 가집니다. 이 독특한 배치는 콩과 식물에서 흔히 볼 수 있는 '9+1' 수술 구조로 알려져 있습니다.

  그런데 박태기나무는 이 전형적인 패턴을 따르지 않습니다. 박태기나무의 꽃에서는 10개의 수술이 모두 독립적으로 떨어져 있으며, 특히 아랫부분(기부)에서도 완전히 분리되어 있습니다. 이 수술 구조는 콩과 식물 중에서도 특별한 사례로, 박태기나무가 다른 콩과 식물들과 구별되는 중요한 특징 중 하나로 여겨집니다. 마치,

    "나는 내 방식대로 살래!"

라고 말하는 것처럼, 박태기나무는 이런 독특한 구조로 자기만

의 개성을 드러냅니다. 꽃을 피우는 방식도 그렇고, 수술 구조도 그렇고, 박태기나무는 정말 자신만의 스타일을 가진 특별한 식물이에요.

서양에서는 박태기나무를 '유다나무(Judas tree)'라고 부르기도 합니다. 예수를 배신한 유다가 이 나무에 목을 매달았다는 전설에서 비롯되었다고 하는데, 듣기만 해도 으스스하죠? 다만, 우리가 보는 동양의 박태기나무는 그렇게까지 크게 자라지 않아서,

"이렇게 작은 나무에…?"

싶은데, 서양 종(Cercis siliquastrum)은 훨씬 키가 커서 그런 이야기가 나왔나 봅니다. 문화권마다 하나의 나무를 놓고도 이렇게 다채로운 스토리가 펼쳐지는 걸 보면, 식물 하나에도 인간의 상상력과 역사가 가득 담기는 셈입니다.

여기에 하나 더! 옛날 조선 시대에는 선비들이 박태기나무와 앵두나무를 뜰에 심어 두면서 자식들 사이의 우애를 다지라는 의미를 담기도 했다고 합니다. 꽃과 열매가 다닥다닥 붙어 있는 모습이 형제간 우애를 상징했다니, 얼마나 평화롭고 따뜻한 해석인가요?

이렇게 박태기나무 한 그루가 문학, 민속, 역사, 신앙, 원예학까지 휘감아 돌며 이야기꽃을 피워 내니, 참 놀랍습니다.

정리하자면, 박태기나무는 재미난 이름, 독특한 꽃 피는 방식, 콩

과 식물의 은밀한 수술 구조, 전설과 민속이 얽힌 문화적 의미까지 모두 갖춘, 그야말로 종합 선물 세트 같은 나무입니다.

여러분이 다음에 봄을 맞아 공원이나 산책로에서 자주색 꽃을 밥알처럼 동글동글 잔뜩 달고 있는 한 나무를 본다면,

"이 나무는 성이 박 씨고 이름은 태기야!"

하고 옆 사람에게 아는 체를 해 주세요. 그러면 금방 자연 지식인으로 등극하게 될 겁니다.

자작나무의 흰 껍질에 새겨진 그리움

여기 보이는 나무는 자작나무입니다. 자작나무라는 이름은 껍질을 불에 넣으면,

"자작자작"

소리를 내며 타는 데서 유래했죠.

이 나무는 혹독한 겨울을 견디기 위해 껍질을 얇게 여러 겹으로 쌓고 그 사이에 기름을 가득 채워 넣는 독특한 생존 전략을 가지고 있습니다. 덕분에 영하 30~40도의 혹한 속에서도 굳건히 살아남는 강인한 나무입니다. 마치 겨울 숲의 생존 전문가처럼 자작나무는 강인함과 함께 차가운 숲에 따뜻한 생명을 불어넣는 존재입니다.

여러분, 혹시 '화촉'이라는 말을 들어 보셨나요? 이 단어는 바로 자작나무 껍질로 만든 초를 의미합니다. 옛날에는 신방을 밝히는 초로 자작나무 껍질을 사용했는데, 그래서 결혼식을 이렇게 표현하기 시작했죠.

"화촉을 밝힌다."

신혼의 불꽃이 꺼지지 않길 바라는 마음이 담겨 있었던 게 아닐까요? 자작나무 초의 온기는 단지 방을 밝히는 데 그치지 않고, 신랑 신부와 가족들의 마음까지 따뜻하게 밝혀 주었을 겁니다.

자작나무는 방수성이 뛰어나 북미 원주민들이 배를 만드는 데 사용했으며, 여진족은 수저나 컵 같은 생활 용구를 제작하는 데 활용했습니다. 잘 깎이면서도 내구성이 좋은 자작나무는 나무 조각가들 사이에서도 매력적인 재료로 손꼽히죠.

러시아의 시베리아 지역에서도 자작나무는 특별한 의미를 지녔습니다. 사람들은 이 나무껍질로 팔찌나 모자 같은 장신구를 만들고, 껍질에 섬세한 그림을 그려 예술적인 공예품으로 승화시키기도 했습니다. 핀란드에서는 사우나를 할 때 자작나무 가지로 몸을 툭툭 치며 피로를 풀거나 숙취를 달랜다고도 하죠.

자작나무는 현대에도 다양한 방식으로 활용됩니다. 특히 20세기 후반부터 자작나무에서 자일리톨 성분을 추출해 천연 감미료로 사용하기 시작했습니다. 특히 자일리톨 껌은 충치 예방 효과로 잘 알려져 있지만, 실제로 충치를 예방하려면 하루에 껌 4통을 씹어야 한다는 우스갯소리도 있습니다.

또한, 가공하지 않은 자작나무 수액은 '화수액'이라 하여 그대로 마시기도 하는데, 건강에 좋은 성분이 들어 있다고 알려져 있지만,

나무 특유의 향내 때문에 호불호가 갈리는 특징이 있습니다.

자작나무는 문학과 예술에서도 자주 등장합니다.『해리포터』시리즈에서는 마법 빗자루 파이어볼트가 자작나무로 만들어졌다는 설정이 나옵니다. 이는 마법 세계에서도 이 나무의 특별한 가치를 인정한다는 의미이기도 하죠.

또 영화《닥터 지바고》에서는 눈 덮인 들판의 자작나무 숲이 인상적인 장면으로 여러 차례 등장하며, 관객들에게 깊은 여운을 남기기도 했습니다.

자작나무 하면 시인 백석과 자야의 사랑 이야기를 빼놓을 수 없죠. 만약 백석의 시를 색으로 표현한다면, 자작나무의 하얀 수피처럼 순백의 색이 아닐까 싶습니다.

백석은 평생 고향과 자야를 그리워하며, 그리움을 시로 풀어냈습니다. 자야는 백석의 내면세계를 표현하는 상징적인 존재로, 일제강점기라는 어려운 시대를 겪으며 잠시 헤어졌죠. 그 후 조국의 분단으로 인해 그들의 이별은 영원해졌습니다.

그러나 그들의 사랑은 시간이 흐를수록 더 깊은 그리움으로 남았습니다. 그 그리움은 자작나무의 하얀 껍질처럼 고요하면서도 따뜻한 빛을 내며 사람들의 마음속에 오래도록 자리하고 있습니다.

'그리움'이라는 단어가 '긁다'라는 뜻에서 유래했다는 사실, 알고 있었나요? 보고 싶은 것을 마음에 긁어 새기면 그리움이 되고, 종이에 긁어 새기면 그림이 되며, 글로 새기면 시가 된다고 합니다. 자작나무의 하얀 껍질 역시 세월과 그리움을 새긴 듯 보입니다. 우리가 "하얗게 잊었다"고 표현하는 것처럼, 자작나무는 아련한 기억과 그리움을 품은 상징입니다.

'당신을 기다립니다.'

자작나무의 꽃말입니다. 언제나 그 자리에 서서 시간을 품어 내는 자작나무는 그리움과 변치 않는 마음을 간직한 나무입니다. 차가운 겨울 숲에서도 생명을 잃지 않고 온기를 전하는 그 모습은, 우리 삶의 고단함 속에서도 희망과 따뜻함을 지켜 내는 상징과도 같습니다.

살아 있는 타임머신, 메타세쿼이아

혹시 공룡과 함께 셀카를 찍는 상상을 해 본 적 있나요? "티라노, 이쪽 봐 봐! 카메라 보고 웃어야지!" 같은 장면 말이에요.

물론 현실에서야 있을 수 없는 일이겠지만, 공룡 시대를 함께 살아온 특별한 친구가 우리 가까이에 있습니다. 바로 메타세쿼이아라는 나무인데요. 이 나무는 은행나무처럼 '살아 있는 화석'이라 불립니다. 과거와 현재를 잇는 특별한 연결 고리 같은 존재죠.

메타세쿼이아의 이야기는 진짜 드라마 같아요. 한때 이 나무는 화석으로만 발견되었는데, 학자들은 이렇게 말했죠.

"흠, 이 나무는 오래전에 멸종됐어. 우리랑은 인연 끝!"

그런데 1940년대 양쯔강 상류 작은 마을에서 상상도 못 한 일이 벌어졌습니다. 화석이 아닌 진짜 살아 있는 메타세쿼이아가 발견된 것이죠.

이건 마치 영화 속에서 멸종된 공룡알이 깨어나는 장면을 실제로 목격한 것 같은 느낌이었을 겁니다. 과학자들이 이 소식을 듣고 얼마나 놀랐을지 상상이 가죠. 그렇게 해서 이 나무도 '살아 있는 화석'이라는 별명을 얻게 되었습니다. 멸종된 줄 알았던 생명체가 여전히 우리 곁에서 살아 숨 쉰다니, 정말 자연이 보여 준 기적이라고밖에 할 수 없겠죠?

이 나무는 우리나라와도 깊은 인연이 있습니다. 경상북도 포항에서 약 2,000만 년 전의 메타세쿼이아 화석이 발견된 적이 있거든요. 2,000만 년 전이라니, 상상이 가시나요? 그 시절 포항은 지금처럼 바다를 보며 활어회를 즐기는 곳이 아니었습니다. 당시 이 지역은 뜨겁고 습한 기후의 열대 정글 같은 환경이었고, 메타세쿼이아는 그곳을 우거지게 채운 나무 중 하나였습니다.

여러분, 메타세쿼이아가 지금도 한국에서 아주 핫한 나무라는 사실 알고 있나요? 전라남도 담양에는 '메타세쿼이아길'이라는 멋진 명소가 있어요. 이곳은 한국에서 가장 아름다운 길 중 하나로 꼽히는데, 데이트 명소로도, 가족 나들이 장소로도 최고입니다.

높고 곧게 뻗은 나무들이 길 양옆으로 늘어서 마치 거대한 병정들처럼 도열하며 우리를 맞아 줍니다. 이 길을 걷다 보면,

'혹시 내가 숲속 영화의 주인공인가?'

싶은 기분이 들 만큼 특별하죠. 가을에는 잎이 붉게 물들어 또 다른 아름다움을 선사합니다.

'메타세쿼이아'라는 이름에도 재미난 이야기가 숨어 있어요. 이 나

무는 미국의 초거대 나무 세쿼이아(Sequoia)와 비슷하게 생겼다고 해서 이름이 붙었답니다. 그런데 세쿼이아라는 이름은 체로키족의 언어를 만든 북미 원주민 학자 세쿼이아(Sequoyah)를 기리기 위해 지어진 거예요. 그러니 메타세쿼이아의 이름 속에는 북미 원주민의 역사와 문화가 담겨 있다고 할 수 있죠.

그러니까, 여러분이 다음에 메타세쿼이아를 볼 때 이렇게 말해도 좋겠네요.

"어, 너 이름 되게 글로벌하더라?
미국, 중국, 한국을 다 넘나들던데?"

메타세쿼이아의 또 다른 매력은 그 모양새입니다. 이 나무는 삼각형 모양의 수형을 자랑하며, 수피는 마치 사람의 피부처럼 부드럽고 말랑말랑합니다. 네, 진짜 눌러 보면 놀라울 정도로 유연하답니다! 특히 젊은 나무가 더 그렇습니다. 비슷한 나무로 낙우송이 있지만, 메타세쿼이아가 훨씬 세련된 비주얼을 자랑한다는 건 모두가 인정하는 사실이죠.

그리고 메타세쿼이아는 낙엽수라서 가을에 잎이 붉게 물드는 장관을 보여 줍니다. 가을이 오면 낙엽수답게 잎이 붉게 물들며 마치 자연이 그린 거대한 캔버스 같은 장관을 연출합니다. 바라보기만 해도 '멋짐의 끝판왕!'이라는 소리가 절로 나오게 되죠.

메타세쿼이아는 아름다운 나무 그 이상으로 자연이 빚어낸 예술품과도 같은 매력을 지녔습니다. 그 독특한 모양과 계절에 따라 변화하는 아름다움을 직접 보고 느껴 보는 것은 어떨까요? 이 나무의 매력을 경험한다면 자연의 아름다움에 대한 새로운 감동을 느낄 수 있을 겁니다.

이끼, 알고 보면 대단한 친구

길을 걷다 보면 종종 시선을 끄는 풍경이 있습니다. 보도블록 틈이나 축축한 돌담, 오래된 나무 밑동에 자주 보이는 초록 무더기, 바로 이끼입니다. 이끼는 작고 눈에 잘 띄지 않지만, 그 안에는 재미난 이야기들이 담겨 있습니다.

먼 옛날, 지구에 육지가 막 생겼을 때 아무도 없는 땅에 먼저 자리 잡은 게 바로 이끼입니다. 마치 맏형처럼,

"내가 먼저 터를 닦아 둘 테니, 너희 나무나 꽃들은 천천히 와!"

라고 말하며 숲 생태계의 기초를 다져 주었습니다. 덕분에 오늘날처럼 풍성한 숲이 탄생할 수 있었죠. 이끼는 마치 자연의 배경색 같은 존재입니다. 그림으로 치면 은은하게 전체를 아우르는 배경색이고, 음악으로 치면 화려한 멜로디 뒤에서 조용히 리듬을 잡아 주는 베이스 역할을 하죠.

이끼는 광합성 공장이라 불릴 정도로 대단한 역할을 합니다. 사방 1미터의 이끼가 나무 50여 그루가 담당할 탄소량을 꽉 잡아 두니,

이쯤 되면 '탄소은행'이라는 별명도 전혀 과장이 아닙니다. 땅바닥에 깔린 작은 초록 카펫 하나가 조용히 지구 살리기 운동에 동참하고 있는 셈이죠.

이렇게 조용하면서도 강력한 이끼의 매력, 이제 조금 느껴지지 않으세요?

이끼의 세계는 뿌리 내림의 방식부터 남다릅니다. 여느 식물처럼 땅속 깊이 뿌리를 내리고 흙의 양분을 탐하는 대신, 이들은 헛뿌리라는 독특한 기관을 이용해 땅에 살짝 달라붙습니다. 마치 쇠붙이가 자석이 찰싹 붙듯, 그저 제자리를 지키는 용도에 가깝습니다. 진정한 양분은 땅에서 얻는 것이 아닌, 하늘에서 내리는 선물, 즉 빗물과 공기 중의 습기로부터 얻습니다.

이러한 이끼의 생태는 생태계에서 중요한 역할을 합니다. 마치 자연의 정수기처럼 빗물을 스펀지처럼 머금어, 땅속으로 천천히 스며들게 하죠. 이는 급격한 빗물 유출로 인한 홍수를 예방하고, 토양이 마르지 않도록 습도를 유지하는 데 큰 도움을 줍니다.

특히 척박한 환경이나 경사가 심한 곳에서 이끼의 이러한 기능은 더욱 빛을 발합니다. 흙이 쓸려 내려가지 않도록 붙잡아 주는 역할을 하기 때문이죠.

더욱 놀라운 점은 이끼가 '환경 감시자' 역할을 한다는 것입니다. 이끼는 공기 중의 유해 물질을 몸에 축적하는 성질이 있어, 주변 환경의 오염 정도를 알려 주는 지표 역할을 합니다.

이끼가 유해 물질을 흡수하다 보니 약간의 축축한 냄새가 날 때도 있는데, 이 때문에 간혹 오해받기도 합니다.

"혹시 이끼가 더러운 거 아닌가요?"

하지만 사실은 정반대입니다. 이끼는 우리 주변의 더러운 것을 흡수하여 환경을 깨끗하게 만드는 훌륭한 역할을 하고 있는 것이죠.
이끼는 또한 숲의 생태계를 유지하는 데 중요한 역할을 합니다. 작은 곤충들의 서식처가 되어 먹이사슬의 기초를 이루고, 식물들이 자라기 어려운 척박한 토양을 비옥하게 만드는 데 기여합니다. 이처럼 이끼는 작지만 생태계의 건강을 유지하는 데 없어서는 안 될 존재입니다.
요즘 '이끼 테라피'라는 말이 생길 정도로 이끼는 힐링의 상징으로 자리 잡고 있습니다. 작은 화분에 이끼를 올려 두기만 해도, 촉촉한 초록빛이 마음을 차분하게 해 줍니다. 동시에 가습기 역할까지 해내어 훌륭한 실내 인테리어 소품으로도 주목받고 있죠.

이끼는 암수 생식세포를 통해 번식하는데, 이 과정은 비 오는 날 물방울의 도움을 받아 이루어집니다. 비가 내리면 물방울이 이끼의 생식기관을 적셔 주고, 이를 통해 암수의 생식세포가 만나 새로운 생명이 탄생하죠.
암수의 생식세포가 만나면, 이끼는 '포자'라는 작은 먼지 같은 것을 만들어 냅니다. 이 포자는 매우 가볍고 작아서 물이나 바람에 쉽게 날려 갈 수 있습니다. 포자가 적당한 장소에 도착하면, 그곳에서 새로운 이끼로 자라죠. 이때 포자가 싹을 틔우기 위해서는 적당한 습기와 그늘진 환경이 필요합니다.

또한 이끼는 떨어진 잎 조각 하나로도 새로운 개체를 만들어 내는 무성생식도 합니다. 이는 다양한 환경에서 생존하고 번식할 수 있는 유연성과 효율성을 보여 주는 대표적인 예입니다.

이끼의 생존력은 정말 놀라울 정도로 강합니다. 습한 숲속은 물론, 극지방, 고산지대, 열대우림, 심지어 사막 주변까지도 진출했으니까요.

건조한 환경에 노출되면 일시적으로 휴면 상태에 들어갔다가, 조건이 좋아지면 다시 살아나는 능력까지 가지고 있습니다. 이는 극한 환경에서도 형태를 유지하고 다시 살아날 수 있는 이끼만의 특별한 능력이라고 할 수 있죠.

인류도 예전부터 이끼와 친하게 지냈습니다. 북유럽에선 땔감이나 토양개량제로, 때로는 침구나 보온재로, 현대에는 원예, 인테리어, 항균물질 연구까지! '초록 만능쟁이'라는 별칭이 전혀 아깝지 않습니다.

이끼는 흔히 생각하는 '초록 곰팡이'나 '초록 솜뭉치'가 아닙니다. 돌 위에 촘촘히 자리한 이끼는 숲의 디자이너처럼 자연을 섬세하게 채워 나갑니다. 탄소를 저장하고, 토양을 형성하며, 수분을 머금는 이 작은 생명체는 생태계의 균형을 조용히 지탱하는 중요한 존재랍니다.

작지만 쓸모 많은 싸리나무

 오늘은 점점 잊혀 가고 있지만, 한때는 우리 삶과 깊이 연결되었던 싸리나무를 이야기해 보겠습니다. 싸리나무, 이름은 들어 보셨죠? 예전엔 우리 생활 곳곳에서 꼭 필요했던 소중한 나무였습니다. 그래서 그 이름이 이렇게나 익숙한지도 모르겠습니다.
 싸리나무는 겉보기엔 키도 크지 않고 그다지 특별해 보이지 않을 수도 있습니다. 그러나 우리 조상들은 이 작고 평범한 나무를 얼마나 사랑했는지 모릅니다. 싸리나무는 작지만 쓸모가 무척 많은 나무였거든요. 빗자루와 바구니는 물론, 떡을 만들 때 사용하는 재료나, 때로는 회초리까지, 싸리나무는 옛 생활에 요긴한 도구로 활약했습니다.
 싸리나무 가지로 만든 싸리비는 예전에 집집마다 꼭 필요한 생활용품이었죠. 특히 마당을 쓸 때는 싸리비가 아주 요긴했습니다. 하지만 방을 쓸 때는 수수로 만든 빗자루가 훨씬 나았죠. 싸리비로 방을 쓸면 먼지가 없어지기는커녕 더 남잖아요. 그래서 생긴 속담이 있습니다.

'싸리비로 방 쓸 듯이.'

대충대충, 겉만 번지르르하게 일을 처리한다는 뜻이죠. 요즘 식으로 표현하자면, 정작 보고 내용은 빈약한데 엑셀 표만 화려하게 꾸며 제출하는 느낌 아닐까요?

싸리나무는 예전에 집 대문에 싸리나무를 걸어 두면 악귀가 들어오지 못한다는 민간신앙도 있었습니다. 싸리나무를 보면 귀신도,

'아, 회초리가 있네. 이 집엔 들어가지 말아야겠다!'

했던 모양입니다. 네, 맞습니다. 싸리나무 가지는 회초리로도 유명했죠. 특히, 마디 없는 싸리나무 가지가 '휘익~' 소리를 내며 종아리에 '철썩!' 하고 닿으면, 정말 정신이 번쩍 들곤 했습니다. 부모님 세대에서는 싸리나무가 '자녀 교육의 필수 아이템'으로 자리 잡고 있었죠.

요즘은 간단히 밥주걱이나 파리채가 회초리 대용으로 쓰인다고들 하지만, 뭐니 뭐니 해도 싸리나무의 효과를 따라올 수는 없습니다. 싸리나무는 얇고 탄력이 좋아 맞는 소리가 유난히 크게 울렸는데, '휘익~' 하는 소리와 '철썩!' 하는 음향 효과는 마치 옛날 버전의 '집중력 강화 ASMR' 같았다고 해도 과언이 아닐 겁니다.

싸리나무는 역사적으로도 중요한 역할을 했습니다. 『조선왕조실록』에 따르면, 성종의 장례 절차에 싸리 횃불이 사용되었다고 합니다.

'발인할 때, 싸리 횃불을 장만하여 노비에게 들리게 한다.'

라는 기록이 남아 있죠. 이처럼 싸리나무는 의례와 전통 속에서도 중요한 존재였습니다.

싸리나무는 화투에도 등장하죠. 화투의 7월 패인 홍싸리가 바로 이 나무입니다. 재미있는 점은, 많은 사람들이 4월 패도 싸리인 줄 알고 '흑싸리'라고 부르는데, 사실 4월 패는 등나무입니다. 등나무와 싸리나무는 모두 콩과 식물이라 꽃과 잎이 닮았지만, 혼동하지 않는 게 중요하겠죠? 화투를 거꾸로 놓는 실수를 줄이는 데에도 이 사실이 도움이 될 겁니다.

싸리나무는 불에 태워도 연기가 거의 나지 않아서 옛날 빨치산들이 밥을 짓는 데 사용했다고 합니다. 영화나 드라마에서 연기 때문에 위치가 발각되는 장면, 다들 기억하시죠? 싸리나무 덕분에 이분들, 무사히 끼니를 해결할 수 있었습니다. 그 시절, 싸리나무는 야생 생존의 파트너였던 셈입니다.

싸리나무는 꽃도 예쁘고 먹을거리도 제공합니다. 싸리꽃이 만발하면 꿀벌들이 벌떼처럼 몰려들어 달콤한 향연이 열리곤 했습니다. 싸리꽃 꿀은 풍미가 깊고 진하다고 하는데요, 아까시 꿀이 싸리꿀의 명성을 조금 가렸을 뿐, 싸리나무는 벌들에게도 훌륭한 친구였습니다.

싸리나무는 관목이지만 간혹 크고 단단하게 자라기도 합니다. 물론 싸리나무로 집 기둥을 세웠다는 이야기는 다 허풍이었죠. 그래도 싸리나무는 그 단단함과 유연성 덕분에 바구니, 소쿠리, 심지어 지팡이까지 만들며 우리 조상들의 손을 쉬지 않게 했습니다.

싸리나무와 관련된 재미난 속담이 있습니다. 바로,

'싸리밭에 개 팔자'

라는 말인데요. 무더운 여름날, 싸리밭의 시원한 그늘에 누워 세상의 모든 시름을 잊은 채 평온하게 낮잠을 즐기는 개의 모습을 떠올리게 합니다. 이 얼마나 여유롭고 평화로운 광경인가요? 그런 팔자라면 누구라도 한 번쯤 부러워할 만하지 않을까요?

싸리나무는 우리 조상들의 일상 속에서 다양한 용도로 활용되며 삶의 편리함을 더해 주는 소중한 존재였습니다. 바구니, 소쿠리, 농기구 등을 만드는 데 쓰이며, 그 단단함과 유연함은 오랜 시간 사랑받을 수밖에 없는 이유였죠.

싸리나무는 이렇게 소박한 일상 속에 깃든 가치를 일깨우며, 우리 곁에 조용히 머물러 온 자연의 선물입니다.

소나무, 한국의 풍경을 완성하다

소나무라고 하면 어떤 모습이 먼저 떠오르시나요?

사계절 내내 푸른 바늘잎, 하늘을 향해 꼿꼿이 선 줄기, 바람에 실려 전해지는 그 맑은 솔향기… 이 모든 이미지를 품은 나무가 바로 소나무입니다.

하지만 소나무는 여기서 조금 더 나아가, 우리 민족의 긴 역사와 굴곡진 삶, 그리고 그 안에 자리한 희로애락의 정서까지도 고스란히 품고 있는 나무입니다.

소나무는 우리 전통 건축물의 기둥과 들보, 기와집의 서까래 등 주요 건축 자재로 쓰이며, 한국 건축문화의 주연이자 때로는 조연으로 활약했죠. 조선 왕실에서는 품질 좋은 소나무를 확보하기 위해 산림을 체계적으로 관리했다는 기록도 전해집니다.

이렇게 소나무는 우리 민족의 생존과 문화, 그리고 역사를 함께 만들어 온 든든한 나무였다고 할 수 있습니다.

소나무는 광합성을 하지 못하는 가지는 스스로 잘라 냅니다. 이를 '자절작용'이라고 하는데, 마치 일하지 않으면 먹지 말라는 경고를 넘어, 일하지 않으면 죽어야 한다는 엄격한 자연의 법칙을 보여 주는 듯합니다. 키 큰 소나무의 잎이 위쪽에만 달려 있는 이유도 바로 이 자절작용 때문입니다.

이를 통해 소나무는 자신의 에너지를 더 효율적으로 사용하며 생존력을 높이고 있죠. 이러한 모습에서 소나무의 강인함과 치열한 생명력을 엿볼 수 있습니다.

'초근목피(草根木皮)'라는 표현, 들어 보셨나요? 너무도 가난한 시절, 사람들이 풀뿌리와 나무껍질로 간신히 배를 채우며 생존을 이어 가던 그때 소나무는,

'걱정 마, 그래도 내가 있어!'

하고 내밀었던 마지막 선택지였습니다. 소나무의 속껍질을 말려 빻은 뒤, 쌀가루를 조금 섞어 만든 '송기떡'은 의외로 든든한 포만감을 주었다고 합니다.

그렇게 배는 채울 수 있었지만, 그 대가는 너무나도 고통스러웠죠. 소나무 껍질의 송진 성분은 아무리 데치고 말려도, 완전히 제거하기가 어려웠기 때문에, 이를 섭취한 뒤에는 배변 시 상상하기 힘든 고통을 겪어야 했습니다. 이 고통이 얼마나 심했는지, 당시 사람들은 '가난한 사람은 거기가 찢어지도록 가난하다'는 말로 표현하기까지 했습니다.

그 표현 속에는 육체적 고통만이 아니라, 끝도 없이 이어지는 가

난의 참담함과 절망감이 담겨 있습니다. 그러나 그런 혹독한 현실 속에서도 삶을 이어 가고자 했던 강인한 의지가 소나무 껍질 한 겹 한 겹에 새겨져 있는 듯합니다.

소나무는 피톤치드가 가득한 나무로도 유명하죠.

근대 유럽에서 전염병이 돌았을 때, 병실이 부족하자 의사들은 숲에 텐트를 치고 환자를 돌보았습니다. 특히 소나무 숲이 선택된 이유는 그 향기와 깨끗한 공기가 환자들의 건강에 도움이 될 것이라는 직관적인 믿음 때문이었죠.

놀랍게도 숲에 들어온 환자들이 더 빨리 회복되는 현상이 관찰되었는데, 이를 계기로 연구한 끝에 밝혀진 것이 바로 '피톤치드'입니다. 피톤치드는 나무가 균으로부터 자신을 보호하기 위해 내뿜는 방어 물질입니다.

이 항균성 물질이 우리 몸에 들어오면 비슷한 효과를 발휘해 면역력을 강화하고, 스트레스를 완화시키는 등 다양한 선물을 안겨 줍니다. 그러니 숲에서 공기를 들이마실 때, 주저하지 말고 한껏 깊이 숨을 들이쉬어 보세요. 피톤치드 가득한 향기를 느끼는 순간, 마치 나무가 이렇게 속삭이는 것 같지 않을까요?

"이건 너를 위해 준비했어!"

자연이 선사하는 이 특별한 선물을 놓치지 말고 마음껏 누려 보세요.

물론 소나무가 늘 으뜸 자리를 차지하는 것은 아닙니다. 비교적 비옥한 토양에서는 참나무류가 우점종으로 자리 잡는 바람에 소나무는 점점 궁지로 몰리며 험한 바위산이나 척박한 곳에 위태롭게 서 있기도 합니다.

여기서라도 꿋꿋이 살아남고야 말겠다는 듯, 바위틈에 뿌리를 움켜쥔 소나무를 보면 왠지 모를 존경심이 생깁니다.

'백설이 만건곤할 제 독야청청하리라'

고전 시조 속에 이런 구절이 있을 정도로, 소나무는 우리의 문학과 예술에서 절개, 기개, 인내심을 상징하는 존재였습니다. 물론 현실에선 눈이 많이 쌓이면 금세 가지가 부러지기도 하고, 화재나 병해충에 약해 무참히 쓰러지기도 하지만, 그 연약함조차도 소나무만의 반전 매력인 듯합니다.

옛 그림에서도 소나무는 절개와 기개, 불굴의 의지를 나타내는 단골 소재였습니다. 사군자 중에 대나무, 매화, 국화, 난초가 있다면, 소나무는 그 위에 '군목(君木)'으로 따로 군림한다는 말이 있을 정도죠.

조선 시대 선비들은 소나무를 보며 절개와 의리를 생각했고, 근대 이후 작가들은 소나무의 푸르름 속에 한국인의 정신적 뿌리를 찾기도 했습니다.

소나무의 솔방울은 그 자체로 자연의 독특한 이야기를 품고 있습니다. 한 나무에 재작년에 달린 솔방울, 작년에 달린 솔방울, 그리고 올해 새로 생긴 솔방울이 함께 매달려 있는 모습은 마치 3대가 한자리에 모여 있는 가족사진 같죠.

이 솔방울들은 재작년 것부터 차례로 떨어지며, 완전히 성숙한 열매를 맺기까지 무려 3년이라는 긴 시간이 걸립니다. 소나무 열매는 이렇게 긴 주기를 거쳐 완성되는 자연의 섬세한 작품이라 할 수 있습니다.

또한, 소나무는 타감작용이라는 독특한 생태적 특성을 지니고 있습니다. 이는 소나무가 흙을 산성화시켜 주변의 다른 식물이 잘 자라지 못하도록 하는 현상입니다. 소나무의 잎은 리그닌(lignin)과 같은 분해되기 어려운 물질이 많이 포함돼 있습니다. 이 잎들이 땅에 떨어진 후 분해되는 과정에서 유기산이 생성되며, 토양을 점차 산성화시키는 원인이 됩니다. 그래서 소나무 숲에 가 보면 잡초가 거의 없는 깔끔한 환경을 볼 수 있죠. 산성토양에서도 잘 자라는 식물은 진달래 정도가 고작인데, 덕분에 봄철 소나무 숲에서는 진달래의 고운 꽃도 덤으로 감상할 수 있습니다.

현대에 이르러 우리는 소나무 숲을 걷고, 그 속에서 피톤치드 가득한 공기를 들이마시며 심신을 치유합니다. 가난한 시절의 구황식, 전통 건축 재료, 환자를 돌보던 숲의 의사, 절개를 상징하는 예술의 소재, 그리고 힐링 여행지까지, 소나무는 우리와 함께해 온 소중한 나무라 할 수 있습니다.

  솔바람이 부는 숲길을 걸을 때, 잠시 눈을 감고 바람 소리에 귀 기울여 보세요. 솔숲을 스치는 바람 소리는 특별한 느낌을 줍니다. 마치 먼 바다를 건너온 파도 소리처럼, 피톤치드 가득한 바람은 우리의 마음을 맑고 깨끗하게 만들어 줍니다.

자연과 신화가 빚어낸 산딸나무

산딸나무는 우리 주변에서 흔히 볼 수 있는 나무 중 하나입니다. 수형이 아름답고 꽃과 열매가 예뻐서 공원이나 정원의 조경수로 인기 있는 나무이죠.

영어로는 '도그우드(Dogwood)'라고 불리는데, 산딸나무와 층층나무과에 속한 나무를 통틀어 지칭하는 이름입니다. 그런데 왜 이름이 '개나무'일까요? 이 나무와 개가 무슨 관계라도 있는 걸까요?

중세 유럽으로 잠시 돌아가 보겠습니다. 전염병과 전쟁이 끊이지 않던 그 시대, 약이 부족했던 사람들은 자연에서 해결책을 찾았습니다. 나무나 풀을 의약품으로 사용하며 병을 치료하곤 했죠.

산딸나무 껍질도 그중 하나였습니다. 특히 개의 피부병 치료에 효과가 있다고 알려져, 이 나무껍질로 만든 약이 널리 쓰였습니다. 그래서 마을 사람들은 자연스럽게,

'이건 개를 낫게 해 주는 나무야!'

라고 부르며 그 효능을 인정했던 겁니다.

또 다른 설은 산딸나무의 목재에서 비롯됩니다. 이 나무의 목재는 단단하고 치밀하여 훈련용 막대기나 다양한 도구를 만드는 데 적합했습니다. 특히, 사냥개 훈련이 중요했던 그 당시에는 이 나무로 만든 도구가 매우 유용했다고 합니다. 그래서 사람들이 이 나무를 'Dogwood'라고 부르게 되었다는 이야기가 전해집니다.

동서양을 막론하고 나무 이름의 어원은 사람들의 상상력과 필요에 따라 변형되며 전해져 온 것 같습니다.

그런데 또 하나 재미있는 이야기가 있습니다. 중세 시절, 'dog'라는 단어는 종종 하찮은 것을 의미하기도 했습니다. 산딸나무의 열매는 새들에게는 훌륭한 먹잇감이지만, 인간에게는 그다지 매력적이지 않았다고 해요. 그래서 사람들이,

"이 열매는 개나 먹을 법한 거야!"

라며 이름을 붙였다는 겁니다. 이 이야기를 들으니 우리나라에서도 개살구, 개꿈, 개망초처럼 흔하거나 하찮게 여기는 것에 '개'를 붙이는 표현이 떠오르죠? 사람의 상상력은 어디나 참 비슷한 면이 있는 것 같습니다.

가을이 되면 산딸나무는 빨간 열매를 맺죠. 작고 딸기처럼 생긴 이 열매는 새들에게는 정말 귀한 간식입니다. 새들은 이 열매를 먹고 여기저기 씨앗을 퍼뜨립니다. 덕분에 산딸나무는 새들과 협력하여 자손을 번식할 수 있게 되죠.

이 열매로 서양에서는 잼, 젤리, 심지어 와인까지 만든다고 하니, 자연이 준 깜짝 선물 같은 존재라 할 수 있죠. 특히 산딸나무 열매는 약간의 유지방이 섞여 고소한 맛을 내어, 좋아하는 사람들은 종종 따 먹기도 합니다. 다만 씨앗이 많다는 점이 단점인데, 씨앗을 뱉을 때는 '퉤!' 하고 뱉기보다는 살짝 '풋!' 하고 뱉으면 조금 더 교양 있는 사람처럼 보일 수 있겠죠?

산딸나무는 서양에서 기독교 신앙과도 깊은 연관이 있습니다. 전설에 따르면, 예수가 못 박힌 십자가가 바로 산딸나무로 만들어졌다고 전해집니다.

'그 작은 나무로 어떻게 십자가를 만들었지?'

하고 의아할 수도 있지만, 옛날에는 산딸나무가 지금보다 훨씬 컸다고 합니다. 그런데 예수가 십자가에 못 박힌 이후, 산딸나무는 다시는 그런 용도로 쓰이지 않겠다고 다짐하며 작고 왜소한 나무로 변했다는 이야기가 전해 내려오죠. 나무가 그런 생각을 하다니 정말 기특하죠?

산딸나무 꽃을 보면 넉 장의 포엽이 십자가 모양을 이루고, 중앙에는 붉은 점이 있어 마치 못 자국처럼도 보입니다. 하지만 이런 이야기는 어디까지나 전설일 뿐, 너무 심각하게 받아들이기보다는 민담처럼 재미로 즐기면 좋을 것 같습니다.

이 나무는 자연의 주기를 알리는 역할도 합니다. 미국 남부에서는

'도그우드 윈터(Dogwood winter)'라는 표현이 있습니다. 산딸나무가 꽃을 피울 무렵 찾아오는 마지막 추위를 뜻하는데요, 우리나라의 꽃샘추위와 유사한 개념입니다. 다만 산딸나무는 미국 동부 지역에서 보통 5월 중순경에 개화하기 때문에, 이 시기에 맞춰 찾아오는 추위는 우리나라보다 다소 늦은 셈이지요.

산수유 열매의 겨울 동화

    산수유는 원래 충청 이남 지역에서 자라는 나무였습니다. 이른 봄에 구례나 하동 같은 곳에서 산수유꽃 축제가 열리는데, 거기 가 본 분들은 아실 거예요. 그 노란 꽃들이 정말 장관이죠.

    그런데 요새는 지구 온난화로 강원도나 경기도에서도 흔히 볼 수 있는 나무가 되었습니다. 지구가 뜨거워지면 바다만 넘치는 줄 알았더니, 꽃 피는 위치도 이렇게 바뀌더라고요. 그러니 산수유가 우리 곁으로 더 가까워진 건 좋은 일인지 나쁜 일인지 생각이 많아집니다.

    이 나무는 수형도 아주 멋져서 정원수로도 인기가 많습니다. 봄철에 노란 꽃이 피면 정원 한쪽에 반짝이는 햇살을 심어 놓은 것 같아요.

    그러나 저는 산수유가 가장 빛나는 순간은 봄이 아니라, 가을과 겨울이라고 말하고 싶습니다. 이 시기에 나무마다 빨갛게 매달린 열매들이 선명한 색채로 눈길을 사로잡습니다. 마치 이렇게 외치는 것만 같죠.

'나 좀 봐줘!'

그런데 한 알 한 알이 마치 예술가의 손으로 빚어 놓은 듯 탐스럽지만, 그 맛은 다소 실망스럽습니다. 한번 드셔 보시면 아마 바로 고개를 절레절레 흔드실 겁니다. 시큼하고 떫은맛이 입안을 가득 채우거든요.

하지만 놀라운 건, 이 열매 안에 몸에 좋은 성분이 아주 많이 들어 있다는 사실이에요. 특히 근력을 많이 쓰는 분들, 즉 '힘 좀 쓰시는 분들'께 좋다고 알려져 있죠. 오래전 한 식품회사 회장이,

"산수유, 남자한테 참 좋은데…
정말 좋은데 어떻게 말할 방법이 없네."

라고 하던 광고, 기억하시나요? 이 멘트가 얼마나 입에 착착 붙었던지, 온 국민이 따라 했잖아요. 그 문구가 많은 사람들 입에 오르내리며 산수유는 건강의 상징처럼 여겨지기도 했습니다.

지금도 많은 사람들이 이 열매를 술에 담가 마시곤 합니다. 하지만 여기서 꼭 짚고 넘어가야 할 점이 하나 있습니다. 과육은 약효가 뛰어나지만 씨앗에는 약간의 독성이 있어 통째로 술에 담가 마시면 득과 실이 서로 상쇄될 수도 있답니다.

산수유 나무를 바라보면 제게 떠오르는 것이 하나 있습니다. 오래

전 고등학교 교과서에서 만났던, 「성탄제」라는 시인데요.

깊은 겨울밤, 아이가 열로 시름시름 앓고 있는 상황에서 아버지가 눈 덮인 산을 헤치고 약초를 구하러 나갑니다. 약국도 병원도 없는 깊은 산골에서 아버지는 얼마나 애가 탔을까요? 결국 아버지는 약초를 구해 오는데, 그게 바로 산수유 열매였습니다. 시 속에는,

'눈밭을 헤치며 따 오신 알알이 붉은 산수유 열매'

라는 표현이 등장하죠. 새하얀 눈 위에 핏방울처럼 선명하게 빛나는 빨간 열매, 그 색채의 대비와 아버지의 애틋한 마음이 어우러져 지금까지 잊히지 않는 장면으로 남아 있습니다.

산수유 열매는 해열과 진통 효과도 있어 옛날부터 민간약으로 쓰였습니다. 붉게 익은 열매는 차가운 계절에도 꿋꿋이 남아 새들에게 양식을 제공합니다.

여기서 질문 하나를 던져 보겠습니다. 왜 산수유를 포함한 겨울 열매들은 대개 빨간색일까요?

가막살나무, 낙상홍, 마가목 등 겨울을 견디는 나무들의 열매가 대개 붉은색을 띠는 데는 이유가 있습니다. 그것은 바로 새들을 유혹하기 위한 자연의 전략입니다. 새들은 빨간색에 특히 민감해 쉽게 열매를 찾아 먹거든요. 그래서 빨간 열매를 보고,

"오! 저건 먹어야 해!"

하며 찾아와 씨앗을 먹고 멀리 퍼뜨립니다. 과육을 맛본 새들은 씨앗을 멀리 옮겨 나무들의 생명을 이어 주는 역할을 하죠. 자연은 이토록 치밀하고 또 이타적이기도 합니다.

겨울이 되어도 빨간 열매를 남겨 둔 나무를 보았다면, 그 열매는 분명 새들을 기다리고 있는 중일 겁니다. 우리에게 아무리 유익하다 해도, 새들에게 이 아름다운 열매를 양보해 보는 것은 어떨까요?

자연과 생명이 이어지는 방식에 조금 더 마음을 기울이는 일, 그것이 바로 우리가 자연과 함께 살아가는 방법이 아닐까 싶습니다.

버드나무, 성(聖)스럽고 성(性)스러운

여러분 봄, 하면 가장 먼저 뭐가 떠오르죠? 개나리? 벚꽃? 따뜻한 햇살? 사람마다 봄을 느끼는 방식이 다르겠지만, 저는 버드나무를 볼 때 비로소 봄이 왔구나 싶어요. 물가에서 바람에 살랑거리는 버드나무 가지를 보면, 그 부드러운 움직임이 꼭 이렇게 속삭이는 것만 같거든요.

"봄이 왔어요."

버드나무는 물가와 땅의 경계에 잘 자라면서 생명력도 굉장히 강해요. 가지를 꺾어서 땅에 꽂기만 해도 새싹이 돋아나고, 썩어 가는 나무에서는 도깨비불처럼 빛나는 인광이 번쩍이니, 참 신비로운 나무죠. 게다가 옛 설화나 신화에도 종종 등장하는데, 왕조 탄생 스토리에 끼어들 만큼 근본이 남다릅니다.

혹시 고구려를 세운 고주몽의 어머니, 유화부인을 기억하시나요? 그 이름 속 '유(柳)'가 바로 버드나무를 뜻합니다. 재미있는 건, 고려를 세운 왕건의 아내도 유화부인이었고, 조선을 세운 이성계의 두 번째 부인도 '버들 아씨'로 불렸다는 점이에요. 바로 우리가 잘 아는 그 버들 아씨가 맞습니다. 우물가에서 이성계에게 버들잎을 띄운 물 한 바가지를 건넸던 그 아가씨 말이죠.

그런데 왜 왕조의 탄생에 버드나무가 자주 등장했을까요? 이유는 버드나무가 많은 나라에서 성스러운 나무로 여겨졌기 때문입니다. 예를 들어, 만주족의 창세 신화에는 버드나무 여신이 세상을 창조했다는 이야기가 있어요. 고구려의 유화부인 신화와도 비슷하죠.

나라를 새로 세운다는 건 기존의 왕조를 무너뜨렸다는 얘기도 됩니다. 그래서 왕은 백성에게 자신이 하늘이 내린 신성한 존재임을 설득해야 했죠. 아마도 유화부인의 이야기도 신화적인 요소를 차용해 새로운 스토리텔링을 만들어 낸 것일지도 모릅니다.

버드나무가 왕조의 탄생에 쓰인 또 하나의 이유는 물과 관련이 깊기 때문입니다. 물은 생명을 잉태하는 상징이잖아요. 물가에 자라는 버드나무가 자연스럽게 새로운 시작을 의미하게 된 건 아닐까 싶어요.

그런데 우리가 흔히 아는 버들 아씨라는 인물은, 혹시 시대마다 실제로 존재했을 가능성도 배제할 수 없습니다. 버들잎을 띄운 물 한 바가지가 경사스러운 일이 일어나는 전설이 되었다면, 그 소문이 번져 나그네에게 물을 건넬 때마다 버들잎을 띄우는 문화가 자연스레 유행했을지도 모를 일입니다.

버드나무는 실제로 생명을 살리는 나무이기도 합니다. 의학의 아버지 히포크라테스가 산모의 고통을 덜어 주기 위해 버드나무를 씹게 했다는 이야기를 들어 보셨나요?

우리가 잘 아는 해열 진통제, 아스피린의 주요 성분 '살리신(salicin)'도 바로 이 버드나무에서 나왔습니다. 이렇게 많은 생명을 살렸으니, 버드나무는 그 이름값을 충분히 하고 있는 셈이죠.

문학 속에서 버드나무는 또 다른 세계로 가는 문으로 자주 등장합니다. 예를 들어, 『해리포터』에서는 마법사들이 버드나무를 통해 마을을 넘나들었죠. 그리고 그리스 신화에서는 지하 세계의 입구를 감싸고 있는 게 바로 거대한 버드나무 숲이었습니다. 현실과 비현실, 삶과 죽음, 여기와 저기를 슬쩍슬쩍 연결하는 중개자인 셈이죠.

버드나무는 생김새에 따라 이름도 달라집니다. 곧게 뻗은 왕버들은 '버들 양(楊)'으로, 아래로 늘어진 수양버들은 '버들 류(柳)'로 불려요. 또 일상에서도 가까이 쓰였는데, 치주염 치료에 효과가 좋아 버드나무로 만든 이쑤시개에서 '양치질(양지질)'이라는 말이 나왔다는 것도 재미있죠.

버드나무는 성(聖)스러운 나무이면서 성(性)적인 상징이기도 합니다. 수양버들은 아름다운 여인의 자태를 닮았다며 비유되었고, 화류계(花柳界)나 노류장화(路柳牆花: 길가의 버드나무와 담장 밖의 꽃은 아무나 꺾어도 된다는 뜻) 같은 말에서도 성적인 의미로 자주 쓰였어요.

문학 속에서도 버드나무는 사랑과 이별의 상징으로 자주 등장합니다. 『춘향전』에서 춘향이의 그네를 매단 나무도 버드나무였고, 중국에서는 이별할 때 버드나무 가지를 꺾어 건네며 다시 만날 것을 기약했다고 해요. 그 유명한 홍랑의 시 「묏버들」에도 버드나무의 애틋함과 생명력이 잘 담겨 있습니다.

    산버들 골라 꺾어 보내노라 임의 손에
    주무시는 창밖에 심어 두고 보소서
    밤비에 새잎이 나거든 나라고 여기소서

  버드나무를 한마디로 표현한다면, 생명을 품고 사랑을 이어 주는 자연의 걸작품이라 할 수 있겠습니다. 우리가 흔히 길가에서 무심히 지나쳤던 이 나무가, 이렇게 수많은 이야기를 품고 있다는 사실은 놀랍고도 경이롭습니다. 위에서 해석한 홍랑의 시를 본래의 시어로 감상하고 싶으신 분들을 위해, 아래에 원문을 준비해 두었습니다.

    묏버들 갈해 것거 보내노라 님의손대
    자시난 窓 밧긔 심거 두고 보쇼셔
    밤비예 새 닙곳 나거든 날인가도 너기쇼셔

척박한 땅 위의 강인함, 개망초

개망초. 이름부터 어딘지 모르게 서글프죠. 들판이나 길가에서 흔히 마주치지만, 그 작은 모습 안에는 많은 이야기가 담겨 있습니다. 흔하고 소박해 보여도, 개망초가 가진 역사는 우리 주변의 풍경만큼이나 풍성합니다.

개망초는 일제강점기 때 우리 땅에 들어온 외래종입니다. 나라가 망하고, 밭이 망하던 그 시절, 황폐해진 농토와 버려진 땅 위에 자라난 풀이 바로 개망초였습니다. 그래서 붙여진 이름에 '망할 망' 자가 들어갔다는 이야기가 전해지죠. 여기에 흔하다는 뜻으로 붙여진 '개'라는 접두사까지 붙었으니 어쩐지 그 이름의 쓸쓸함을 더해 주는 것 같습니다.

밭도 망하고 나라까지 망했던 그 시절, 개망초는 그 황량한 들판에서 하얗게 피어나며 고개를 들었습니다. 이름에 담긴 서글픔과는 달리, 어쩌면 그 시대를 대변하는 강한 생명체였는지도 모릅니다.

그런데 외국에서 개망초는 전혀 다른 평가를 받습니다. 영어로는 '데이지 플리바네(Daisy Fleabane)'라고 불리는데, 듣기만 해도 고급스러운 느낌이죠?

이 이름의 비밀은 바로 '플리바네'라는 단어에 숨어 있습니다. 바로 '벼룩 퇴치 전문가'라는 뜻입니다. 개망초는 데이지처럼 귀여운 꽃으로 보이지만, 사실 집 안에서 해충들을 막아 주는 작고 강력한 방패 역할을 했던 것입니다. 그래서 예전에는 개망초를 집 안에 두고,

"자! 해충들아, 어서 와 봐라!"

하며 자신만만했을지도 몰라요.

생각해 보면 우리나라에서는 부정적인 이미지로 취급받는 이 풀이, 서양에서는 그야말로 작고 믿음직한 집안의 약초로 여겨졌다니 참 신기하죠? 꽃잎 하나하나가 모두 예쁘기만 한 게 아니라 실용성까지 갖춘 이 소박한 매력이라니, 새삼 개망초가 새롭게 보입니다.

이 작은 풀은 타감작용이라는 강력한 생존 전략을 가지고 있습니다. 벼룩들을 퇴치하듯이 주변 식물의 성장을 억제하는 화학 물질을 분비해, 경쟁 식물이 자라지 못하게 하는 능력이죠.

그래서 개망초가 군락을 이루고 있는 들판을 보면, 다른 식물이 거의 보이지 않고 온통 하얀 개망초꽃으로 뒤덮여 있는 모습을 쉽게 볼 수 있습니다. 타감작용을 하는 식물은 의외로 많습니다. 소나무나 보리, 일부 허브류 등도 주변의 식물들을 억제시키는 화학물질을 내보냅니다.

겉보기엔 작고 여리게 보이지만, 개망초는 이렇게 강한 생명력을 지닌 식물입니다. 황폐한 땅이나 척박한 환경에서도 뿌리를 내리고 자리를 지키며, 자연의 생존 경쟁에서 누구보다도 단단히 자리 잡은 강자입니다.

"생존의 비결은 강함이 아니라 환경에 대한 적응력에 있다."

라는 다윈의 말처럼, 생존의 비결은 강함이 아니라 환경에 대한 적응력에 있습니다. 이런 점에서 개망초는 환경에 적응하며 강한 생명력을 발휘해, 오늘날 들판 어디서나 흔히 볼 수 있는 풀이 되었습니다.

그동안 이름 때문에 항상 서글픈 풀로 취급받았던 개망초가 요즘 완전히 핫한 스타로 떠오르고 있습니다. 그 이유는 바로 이 작은 꽃 속에 천연 보톡스 성분이 숨어 있었다는 놀라운 사실 덕분인데요. 이제 개망초는 피부 노화를 막는 비밀 무기로 새롭게 평가받고 있습니다.

과학자들이 이 성분을 활용해 화장품을 개발하고 있다니, 개망초는 이제 들판의 풀에서 뷰티 산업의 중심 캐릭터로 떠오를 준비를 마친 셈이죠. 집에서도 쉽게 할 수 있습니다. 꽃과 대궁을 덮어 만든 화장수를 얼굴에 바르면 한층 젊어진 자신을 발견할 수 있을 겁니다.

어쩌면 개망초가 아름다움의 비밀병기로 자리 잡을 날도 머지않았을 것입니다. 그동안 '망했다'는 이름으로 불리며 조용히 자라 왔던 개망초가 사실은 인류의 피부를 지켜 줄 선물을 준비하고 있었다는 사실, 정말 놀랍지 않나요?

 아이들에게 개망초는 재미있는 놀잇감이기도 했습니다. 꽃잎을 꺾어 머리에 꽂아 장식으로 삼거나, 꽃반지를 만들어 손에 끼우곤 했죠. 들판 한가운데 앉아 개망초를 만지작거리며 시간을 보냈던 기억은, 어른이 되어서도 잊히지 않는 소중한 추억이 됩니다.
 자연스럽게 스며드는 이 작은 풀은 우리 일상 속에서 묵묵히 자리를 지켜 왔습니다. 개망초는 우리 곁에서 언제나 같은 모습으로 피고 지며, 세월을 지켜보고 있습니다.
 버려진 땅에도, 메마른 환경 속에서도, 여전히 하얗고 작은 꽃을 피워 내는 그 모습은 생명의 강인함을 떠올리게 합니다.

학문과 교양의 상징, 회화나무

　회화나무, 혹은 '학자수'라고도 불리는 이 나무는 우리나라에서 오래전부터 유독 귀하게 여겨져 왔습니다. 예로부터 '양반나무', '학자수'라고 불렸다는 점만 봐도, 학문과 교양의 상징으로 자리 잡았다는 걸 짐작할 수 있죠.
　재미있는 사실은 서양에서도 이 나무를 '스콜라 트리(Scholar Tree)'라고 부른다는 것입니다. 동양이건 서양이건, 이 나무만 보면 왠지 논리적 사고력이 올라가는 기분이 들었나 봅니다.

　'왜 하필 학문과 연결되었을까?'

　그에 대한 정확한 기록은 아쉽게도 남아 있지 않지만, 여러 추측을 할 수 있습니다.
　그중 하나는, 회화나무가 뿜어내는 고고한 자태 때문이라는 이야기입니다. 수형이 곡선을 이루어 아름답고, 줄기 또한 굳세고 단단해서 왠지 선비나 양반이 허리를 쫙 펴고 앉아 있는 기개를 떠올리게 한다고들 하죠. 또 다른 설은, 예전부터 유교적 전통이 강했던 동아시아에서 회화나무를 종묘, 사당, 그리고 서원 같은 중요한 공간에 심어 왔다는 점을 지목합니다.

아무래도 조상님 제사를 모시는 엄숙한 장소나, 학문을 연구하고 교육을 담당하던 공간에 이 나무를 심다 보니, 자연스럽게 '학자나 양반', '학문'을 상징하는 이미지가 생긴 셈이죠. 서양에서도 'Scholar Tree'라는 이름이 붙은 이유 역시, 과거에 아카데미 뜰에서 자라던 이 나무의 모습이 그들의 눈에도 꽤나 인상적이었기 때문이 아닐까 합니다.

특히 조선 시대에는 서원이나 향교, 서당 앞에서 회화나무를 어렵지 않게 볼 수 있었습니다. 땀방울 송골송골 맺히는 무더운 여름에도, 이 나무의 넓은 잎이 만들어 내는 시원한 그늘 아래서 선비들이 책을 펴고 토론을 나누었다고 하죠. 아마 선비들이 지쳐서,

"아, 오늘은 공부 때려치울까…."

싶어질 때마다 회화나무 그늘이 그들을 붙잡아 주었을 수도 있겠습니다. 에어컨이나 선풍기 같은 냉방 시설이 없었던 시절이었으니, 땀을 식혀 주는 그늘 한 자락이 지적인 활동을 위해서는 필수 불가결한 천연 냉방 기기였을 테니까요.

어느 날엔 양반들이 그 나무 아래 모여 국정을 논하며 머리를 맞대었고, 어느 날엔 꿈 많은 관료 지망생들이 몰려와,

"나도 정승 한번 해 볼까?"

하고 속으로 다짐하기도 했을 것입니다. 그렇게 학문과 지혜를 상징하는 나무로 거듭난 회화나무는 사람들의 존경과 사랑을 듬뿍 받아 왔습니다.

이 회화나무가 생태적으로도 조금 특별합니다. 콩과식물에 속하는데, 이름답게 열매도 콩처럼 생겼습니다. 그런데 콩과식물의 대단한 점은 '뿌리혹 박테리아'라는 미생물과 공생하여, 공기 중의 질소를 땅속으로 끌어들인다는 것입니다. 그래서 주변 토양이 점점 더 비옥해진다는 이야긴데요.

이것이 얼마나 효과가 좋은지, 실제로 농부들이 인삼 재배 뒤 지친 땅을 회복시키기 위해 콩을 심기도 한답니다. 회화나무가 뿌리를 내리면, 그 땅도 함께 튼실해진다는 것인데, 이를테면 나무가 땅에 '학문적 영양'을 준다고 말해도 될까요?

더욱 놀라운 점은 회화나무가 지닌 강인한 생명력입니다. 백 년, 심지어 오백 년을 넘겨도 꿋꿋이 살아가는 장수목이니, 그 오랜 세월 동안 얼마나 많은 지혜와 이야기를 쌓았을지 상상해 보면 경이로울 뿐입니다.

오래된 회화나무를 바라보고 있자면, 문득 그 나무 아래에서 옛사람들이 담소를 나누고, 갑론을박하며 서로 지식을 나누는 모습이 머릿속에 그려지죠?

만약 집 근처나 마당 한쪽에 나무를 심을 자리가 있다면,

'아무거나 심느니, 이왕이면 역사와 품격이 깃든 나무를!'

하고 가볍게 도전해 보시는 건 어떨까요?

한낮의 따사로운 햇볕이 내리쬐는 무더운 날에도, 이 나무는 부지런히 잎사귀를 펼쳐 넉넉한 그늘을 만들어 줄 것입니다. 그 그늘 아래 넓은 돗자리 하나 펼쳐 두고 책 한 권을 펴 놓으면, 어느새 '조선 최고의 선비'가 된 듯한 기분마저 들지 않을까요?

무엇보다도, 하루하루 자라나는 회화나무 아래에서 가족이나 친구들과 나누는 소소한 대화와 웃음은, 시간이 지나도 깊은 추억으로 남을 것입니다. 그 따뜻한 기억들이 우리의 마음을 오래도록 든든하게 지켜 주겠지요.

찔레꽃, 향기는 너무 슬퍼요

오늘은 작은 들꽃 하나를 통해 우리의 삶과 마음을 들여다보는 시간을 가져 보려 합니다. 어떤 꽃이냐고요? 바로 찔레꽃입니다. 장미처럼 눈에 확 들어오게 화려하지도, 백합처럼 우아하거나 고상하지도 않지만, 작고 소박한 이 찔레꽃은 어느새 우리 마음 한구석에 깊이 자리 잡았습니다.

"장미가 예쁘냐, 찔레가 예쁘냐?"

라는 질문을 받는다면, 저는 망설임 없이 찔레꽃을 택할 겁니다. 왜냐하면 이 꽃은 화려한 정원의 중심이 아니라, 들판과 산골짜기에서 묵묵히 우리 곁을 지켜 주는 존재이기 때문입니다. 찔레꽃의 가장 큰 매력은 바로 그 소박함입니다. 은은하게 퍼지는 향기, 하얀 꽃잎이 드러내는 깨끗함, 그리고 군더더기 없이 단정한 자태가 돋보이죠.

그렇다고 해서 단정하기만 한 건 아닙니다. 소박함 속에 감춰진 묘한 끌림이 있어 화려한 꽃들 사이에서는 느낄 수 없는 깊은 울림을 전해 줍니다.

만약 이 꽃이 장미처럼 화려했다면 어땠을까요? 아마도 많은 사람들이 자기 정원이나 화원으로 옮겨 심었을 겁니다. 그렇다면 우리는 들과 산에서 고된 일에 지쳐 잠시 쉬어 갈 때, 은근히 풍겨 오는 그 고유의 향기를 쉽사리 만나지 못했을지도 모릅니다.

바로 그래서 찔레꽃은 '민중의 꽃'이라고 불립니다. 우리 일상 곳곳에서 조용히 피어오르며, 언제나 곁을 지켜 주는 꽃이니까요. 소박하지만, 그렇기에 더 쉽게 잊히지 않는 아름다움을 간직한 꽃, 그 이름 바로 찔레입니다.

찔레꽃이 민족의 정서에 얼마나 깊이 스며들었는지, 찔레꽃을 소재로 한 노래들만 봐도 알 수 있습니다. 몇 가지 대표적인 노래를 살펴볼까요?

> "엄마 일 가는 길에 하얀 찔레꽃, 찔레꽃 하얀 잎은 맛도 좋지…."

이 노래는 소박한 아름다움 속에서 느껴지는 어머니의 사랑과 따뜻한 정을 담고 있습니다. 찔레꽃의 하얀 잎을 노래하며, 우리 삶 속 소중한 순간들을 떠올리게 하죠.

> "찔레꽃 붉게 피는 남쪽 나라 내 고향…."

여기서 잠깐, 오류 발견! 찔레꽃은 붉게 피지 않아요. 찔레꽃은 하얀 꽃을 피웁니다. 그렇다면 이 노래에서 말하는 '찔레꽃'은 무엇일까요? 바로 '해당화'일 가능성이 큽니다.

일부 방언이나, 문화권에서는 해당화를 '찔레꽃'이라 칭하거나, 노래 속 표현이 실제 식물 생태와 달라 혼동이 생겼을 수 있습니다. 어쩌면 노랫말을 지은 분도 꽃 이름에 대해 약간 헷갈렸을지도 모릅니다. 아니면 "찔레꽃 붉게 피는~"이 노래의 운율에 맞았던 걸까요? 뭐 어쨌든 귀에 쏙 들어오는 멜로디니까 그냥 넘어갑시다.

"찔레꽃 향기는 너무 슬퍼요, 그래서 울었지….."

찔레꽃의 향기는 우리의 슬픈 역사를 떠올리게 하는 듯한 애잔한 느낌이 있습니다. 이 노래들은 모두 찔레꽃을 통해 애상적인 정서를 담아냅니다. 찔레꽃 향기 속에는, 때로는 가슴 저린 슬픔이, 때로는 어머니의 품과 같은 따뜻함이 느껴지는 것 같죠.

봄이 되면 찔레꽃의 연한 순이 돋아납니다. 옛날 보릿고개 시절, 이것은 아이들에게 아주 귀한 간식거리이자 나물거리였습니다. 연한 찔레순은 비타민과 미량 원소가 풍부하여, 과거 영양 섭취가 쉽지 않았던 시절에 아이들의 배고픔에 작게나마 도움을 주는 사연의 선물이었습니다. 찔레순은 어린잎일수록 부드럽고 맛이 좋아 반찬이나 나물로 활용되었죠.

아마도 찔레순을 먹으며 자란 아이들이 건강하게 성장하여 지금의 어른이 되었고, 그들이 오늘날 우리 사회를 이끌어 가는 주역으로 자리 잡았을 것입니다.

"아, 그때 찔레순 좀 먹어둘걸!"

하고 후회하는 분들도 계시겠죠.
찔레꽃에도 가시가 있습니다. 해당화도 마찬가지죠. 이 가시를 단순히 "나를 건들지 마!"라는 경고로 볼 수도 있습니다. 어쩌면 꽃들의 가시는 자신을 지키는 방법일 뿐 아니라, 아름다움과 경외감을 더하는 자연의 경고이자 장치일지도 모릅니다.
하지만 저는 다르게 생각합니다. 가시는 오히려 이렇게 말하는 것인지도 모릅니다.

"가까이 오지 말고, 거기서 바라보세요.
그래야 더 아름다워 보입니다!"

고요한 순백의 꽃, 때죽나무

　숲속에서 고요히 자기만의 꽃길을 만들어 가는 나무가 있습니다. 그 이름은 때죽나무.

　이름부터 독특한 이 나무는 봄에서 초여름까지 가지 끝마다 맑고 하얀 종 모양의 꽃들을 주렁주렁 매달아 놓습니다. 수많은 꽃잎이 가지에 매달린 채 바람에 흔들리면, 마치 꽃송이들이 깔깔깔 웃고 있는 것처럼 보입니다. 게다가 은은하게 퍼지는 향기는 주변을 감싸며 고요한 숲에 생기를 불어넣죠.

　그런데 이렇게 예쁜 꽃나무 이름이 '때죽'일까요? '줄기에 때가 낀 것 같다'거나, '이걸 물에 넣으면 물고기가 떼로 죽는다', 열매들이 다닥다닥 달린 모습이 스님들이 모여 있는 것 같아서 '떼중나무'라 불리던 것이, '때죽'으로 변형됐다는 등 갖가지 이야기가 전해집니다. 이 중 어느 것도 확실히 맞다고 하긴 어렵지만, 그만큼 상상력 넘치는 별칭을 갖게 된 건 분명합니다.

　실속도 제법 있습니다. 열매에 기름이 많아 동백나무를 대신하던 시절,

'동백 없어도 때죽이 있지!'

하며 살림에 쏠쏠히 보탰습니다.

농민봉기 때는 열매 가루를 화약과 섞어 탄환을 만들었다는 설이 전해집니다. 때죽나무 열매는 기름기가 많아 불이 잘 붙는 특징이 있습니다. 이를 활용해 화약과 섞어 탄환을 만들었다는 이야기는, 자연 속에서 생존과 저항을 이어 갔던 그들의 지혜를 엿볼 수 있게 해 줍니다.

또한, 산중에서 활동하던 빨치산들이 때죽나무를 불쏘시개로 사용했다는 말도 전해집니다. 때죽나무의 껍질은 싸리나무와 더불어 연기가 거의 나지 않고 불이 쉽게 붙어, 연기를 감추어야 하는 그들의 은밀한 활동에 유용했을 가능성이 큽니다.

빨래할 때 열매의 사포닌 성분을 활용하면 때가 '죽죽' 빠진다는 말도 있는데, 그래서 때죽나무라는 이름이 붙었을 거라는 설도 있는데, 믿거나 말거나지만 왠지 그럴 것 같기도 한 기분이 들기도 합니다.

때죽나무에서는 재미난 모양을 발견할 수 있는데, 가지에 매달린 바나나 모양의 독특한 벌레집, '충영'이 그 주인공입니다. 이 충영은 나무가 애벌레를 위해 만들어 준 특별한 서식처로, 벌레가 기생하면 나무가 스스로,

"그래, 너희들 여기서 살아라!"

라며 집을 지어 주는 형태입니다. 충영은 참나무, 밤나무, 버드나무, 붉나무 등 우리 주변에서 흔히 볼 수 있는 나무들에서도 발견됩니다. 그중에는 나뭇잎처럼 단풍이 들어 붉게 변하거나, 열매처럼 익어 가는 모습도 있어 자연의 신비로움을 더욱 돋보이게 합니다.

지나가는 사람들 중에는 이 충영을 나무의 꽃이나 열매로 착각하는 경우도 많습니다. 충영은 마치 자연 속의 작은 놀라움처럼 관찰하는 이들에게,

"더 가까이 와서 나를 봐!"

라고 말하는 듯한 매력을 가지고 있습니다.

문학과 예술에서도 때죽나무는 빛납니다. 박완서 작가의 단편소설 「거저나 마찬가지」의 말미에서 주인공은 누워서 쳐다봐야 제맛인 때죽꽃을 사랑에 비교하며, 한껏 애틋하게 표현합니다. 조정래의 『태백산맥』에는 총탄 화약에 때죽나무 숯을 섞었다는 장면이 나옵니다. 이렇게 문학 속 때죽나무는 무대 뒤에서 반짝이는 조연처럼 존재감을 드러냅니다.

서양에서는 'Snow bell'이란 이름으로 이국적 매력을 과시합니다. 어느 날, 서양의 원예 마니아가 '우리 집 정원에도 때죽 한 그루 심어 볼까?' 하고 삽을 든 모습을 상상해 보세요. 때죽나무는 이미 마음속에서 살짝 흔들리며 꽃가루를 흩뿌리고 있을지 모릅니다.

숲길을 걸으며 때죽나무를 만나면 발길을 멈춰 보세요.

순백의 꽃과 은은한 향기를 느끼며 잠시 고요한 시간을 가져 보는 겁니다. 바람에 흔들리는 가지와 꽃송이들이 전하는 자연의 이야기를 가만히 들여다보면, 때죽나무가 말하지 않아도 그 존재의 의미를 느낄 수 있을 겁니다.

박완서 작가의 글처럼, 때죽나무는 아래서 올려다볼 때 그 진가를 더 잘 느낄 수 있습니다. 가지마다 매달린 수많은 꽃송이들이 눈부신 하늘을 배경으로 조용히 춤추는 모습은, 그저 흘려보내기엔 아까운 풍경입니다. 그러니 때죽나무 아래 잠깐 누워 꽃들을 바라보는 것도 좋겠습니다. 말 그대로, 이런 경험은 '거저나 마찬가지'로 주어진 자연의 선물이니까요.

담쟁이덩굴은 프로 등반가

오늘은 특별한 생명력을 가진 식물, 담쟁이덩굴에 대해 이야기해 보려고 합니다.

'담쟁이? 그냥 초록 덩굴 아니야?'

하고 생각할 수도 있지만, 그렇지 않습니다. 담쟁이덩굴은 한마디로 벽을 타는 프로 등반가라고 할 수 있습니다. 비어 있는 벽을 보면 마치 기다렸다는 듯이 타고 올라가죠.

담쟁이가 벽을 타고 오를 수 있는 비결은 바로 덩굴손 끝부분에 있는 흡반 덕분입니다. 이 흡반은 청개구리의 발바닥을 닮아 작은 손처럼 벽을 꽉 붙잡습니다. 덕분에 담쟁이는 칡이나 등나무처럼 다른 식물을 감지 않고도 벽에 스스로 달라붙어 오를 수 있습니다.

담쟁이덩굴은 특히 여름철에는 그 진가를 발휘하죠. 한여름 뜨거운 태양 아래, 담쟁이는 자연이 선물한 멋진 단열재가 되어 줍니다. 잎사귀가 태양 빛을 흡수하고 뜨거운 열기를 막아 주어, 건물 내부로 열이 들어오는 것을 차단합니다. 덕분에 실내 온도를 유지하며 한층 더 시원하게 만들어 주죠. 덩굴 덕분에 에어컨 사용량도 줄어들어 환경에도 좋은 영향을 미칩니다. '자연이 만든 그린 커튼'이라 불리기에 충분합니다.

이뿐만 아니라, 담쟁이는 공기 중의 먼지와 오염 물질을 흡착하며 산소를 공급해 주변 공기를 맑게 해 줍니다. 빽빽하게 자란 덩굴은 소음을 줄이는 효과도 있어 더욱 유용합니다.

초록빛 잎사귀가 푸른 스웨터처럼 건물을 감싸며 자연과 어우러진 아름다운 풍경을 만들어 내죠. 여름에는 도심의 열섬 현상을 완화하고, 겨울에는 추위를 덜어 주는 역할까지 합니다. 이렇게 다양한 모습으로 우리의 삶을 돕는 담쟁이덩굴, 정말 고마운 존재입니다.

대구에는 '청라언덕'이라는 아름다운 곳이 있습니다.

푸른 담쟁이덩굴이 건물을 감싸며 독특하고도 평화로운 풍경을 자아내는 곳이죠. 하지만 이곳은 경치만으로 유명한 것이 아닙니다. 바로 음악가 박태준의 첫사랑 이야기가 깃든, 특별한 추억의 장소이기 때문입니다.

혹시 이 노래를 들어 본 적 있나요?

'봄의 교향악이 울려 퍼지는 청라언덕 위에 백합 필 적에…'

박태준의 가곡 〈동무 생각〉 속 한 구절인데요, 이 노래에는 순수하고도 아련한 그의 첫사랑 이야기가 담겨 있습니다.

학창 시절, 박태준은 매일 아침 청라언덕을 올랐습니다. 언덕 근처 신명여고에 다니던 한 여학생이 그의 마음을 사로잡았던 거죠. 그녀의 모습은 마치 봄날 햇살처럼 눈부셨다고 합니다. 멀리서 그녀를 바라보는 순간은 그의 하루 중 가장 설레는 시간이었지만, 그는 용기가 없어 끝내 말을 걸지 못했다고 하죠.

  그러던 어느 날, 그녀가 일본으로 유학을 떠난다는 소식을 듣게 됩니다. 인사조차 나누지 못한 채 그녀는 그의 곁을 떠났고, 그 순간부터 청라언덕은 박태준에게 잊을 수 없는 특별한 장소가 되었습니다.

  시간이 흘러, 그는 그 시절의 풋풋한 감정을 음악으로 풀어내기로 결심했습니다. 친구였던 시인 이은상에게 이 이야기를 들려주자, 이은상은 즉석에서 이를 시로 옮겼고, 박태준은 그 시에 곡을 붙였습니다.

  그렇게 탄생한 곡은 청라언덕의 아름다움과 첫사랑의 애틋함을 담아 많은 이들의 마음을 울리는 가곡으로 남게 되었습니다. 오늘날에도 그 시절 소년이 느꼈던 떨림과 아련함은 마치 시간 속에 머물러 언덕 위를 감싸고 있죠.

  담쟁이는 시간이 흐를수록 줄기가 굵어지고, 마디마다 공기뿌리를 내립니다. 담쟁이덩굴의 공기뿌리는 주로 지지 역할에 초점이 맞춰져 있지만, 일부는 표면에서 수분과 미량의 영양분을 흡수하는 데 기여하기도 합니다.

담쟁이는 또한 오래된 건물과 어우러지면 특유의 고풍스럽고 운치 있는 분위기를 만들어 내죠. 건축가 김수근의 대표작인 〈공간〉 사옥이나 연세대학교 신촌캠퍼스 등의 담쟁이는 가을마다 붉게 물들어, 지나가는 사람들의 발길을 멈추게 할 만큼 아름답습니다.

담쟁이덩굴의 한자로 '파산호(爬山虎)'라고 쓰는데, 산을 기어 다니는 강인한 풀이라는 뜻을 담고 있습니다. 한번 뿌리를 내리면 쉽게 죽지 않는 생명력을 가졌기 때문에 그런 이름이 붙여졌을 겁니다.

담쟁이를 따라 걷다 보면, 도시의 소음은 잠시 잊히고 초록빛이 주는 평온함 속에서 자연의 힐링을 경험할 수 있습니다. 담쟁이덩굴은 생태계를 연결하며, 도시를 더욱 시원하게 만들고, 마치 희망을 상징하는 초록빛 예술가처럼 벽을 물들이고 우리의 마음도 함께 물들입니다.

고사리 속에 담긴 수학적 질서

산길을 걷다 보면 한 번쯤 고사리를 본 적 있으실 거예요. 대부분 그냥 흔한 나물이라 생각하고 지나치기 쉽지만, 알고 보면 이 고사리, 결코 평범하지 않습니다. 이 작은 식물 안에는 수억 년의 역사가 깃들어 있다는 것, 들어 본 적 있나요?

공룡들이 어슬렁거리던 시절에도 고사리는 이미 존재했습니다. 그 당시 고사리는 지금처럼 작은 풀이 아니었습니다. 키가 나무만큼 컸대요. 나무 대신 거대한 고사리들이 숲을 이루는 풍경이라니, 마치 공상과학 영화에서나 나올 법한 장면이죠.

지금은 이렇게 작아져 우리의 밥상에 오르지만, 그 당시엔 고사리가 숲을 지배했다고 하니, 이 작은 잎이 얼마나 대단한 역사를 품고 있는지 세삼 놀랍습니다.

고사리는 자라는 모습마저도 신비롭습니다. 새잎이 돋아날 때, 끝이 둥글게 말려 마치 어린아이의 작은 주먹을 닮은 듯 보이죠. 그러다 시간이 흐르면, 그 작은 손이 점차 펴지며 넓고 섬세한 잎으로 변해 갑니다.

고사리를 양치식물이라고 부르는 이유도 재미있습니다. 잎의 모양이 양의 이빨을 닮았다고 해서 붙여진 이름이라지만, 실제로 양의 이빨이 그렇게 생겼는지는 팩트 체크를 할 필요가 있어 보입니다. 하지만 그만큼 고사리의 잎 모양이 독특하고 설명할 방법이 필요했기에 나온 비유일 겁니다.

고사리의 잎은 프랙탈(fractal) 구조를 가지고 있는데, 이는 자연에서 흔히 볼 수 있는 자기 반복적인 패턴입니다. 고사리의 큰 잎을 자세히 보면, 그 안에 있는 작은 잎들도 전체와 비슷한 모양을 하고 있습니다. 이 작은 잎들을 다시 더 작은 단위로 나누어도 여전히 같은 패턴이 반복됩니다.

이러한 구조는 고사리가 가진 독특한 생물학적 특징으로, 아름다움뿐 아니라 자연의 수학적 질서를 보여 줍니다. 이는,

"작아도 나는 나다!"

라는 메시지를 담고 있는 것처럼 보이죠.

고사리의 아름다운 패턴은 오래전부터 예술가와 수학자들에게 깊은 영감을 주어 왔습니다. 수학자들은 이 정교한 프랙탈 구조 속에서 자연이 품고 있는 질서를 발견하며, 혼돈 이론과 기하학적 패턴을 탐구했습니다.

한편, 예술가들은 고사리의 반복적이고 조화로운 선율을 바탕으로 건축, 디자인, 섬유 예술에 이르기까지 다양한 작품을 탄생시켰

습니다. 자연이 빚어낸 이 작은 잎사귀 하나가 과학과 예술의 세계를 넘나들며 새로운 창조를 이끌어 낸다니, 새삼 감탄하게 됩니다.

뉴질랜드에서 고사리는 특별한 의미와 가치를 지닌 중요한 존재로 여겨집니다. 그곳 사람들은 고사리를 '은고사리(Silver Fern)'라 부르며, 국가를 대표하는 이미지로 삼고 스포츠팀 로고에도 사용할 만큼 깊은 애정을 가지고 있습니다. 이는 고사리가 가진 독특한 특성과 강한 생명력 때문입니다.

은고사리의 잎 아랫면은 은빛을 띠며 빛을 반사하는 독특한 특징이 있어, 밤에는 길을 안내하는 역할을 했습니다. 뉴질랜드의 마오리족은 숲속을 이동하거나 밤길을 표시할 때, 은고사리 잎을 뒤집어 놓아 반사되는 은빛을 길잡이로 활용했다고 합니다.

이러한 회복력과 실용적인 특성 덕분에 고사리는 끈질긴 생명력과 강인함을 상징하는 특별한 존재로 자리 잡았습니다.

고사리는 잎이 잘리거나 상처를 입어도 그 자리에서 새로운 조직을 만들어 내는 뛰어난 회복 능력을 가지고 있습니다. 특히, 고사리의 뿌리줄기와 잎자루는 손상 후에도 빠르게 재생되며, 다양한 환경 속에서도 생존할 수 있는 강한 적응력을 보입니다.

고사리는 초원에서도 잘 자라는데, 방목하는 가축들이 고사리를 먹으면 문제가 발생할 수 있습니다. 가축들은 일반적으로 고사리를 먹지 않지만, 먹을 풀이 부족한 폭설이나 가뭄 같은 상황에서는 어쩔 수 없이 섭취하기도 합니다.

고사리를 먹으면 급성 중독이 발생할 수 있어 위험합니다. 이러한 이유로 유럽 사람들은 고사리를 먹지 않습니다. 그렇다 보니 유럽에는 고사리가 거의 초원과 산을 점령하다시피 자라고 있습니다.

한편, 동양에서는 전혀 다른 방식으로 고사리를 소비합니다. 어린 순만을 따서 데치고 말리고 익히는 과정을 거치기 때문에 독소 걱정은 거의 없습니다. 다만 생으로 먹으면 문제가 발생할 수 있으니 주의해야 합니다.

고사리의 진정한 매력 중 하나는 바로 포자입니다.

성숙한 고사리 잎의 뒷면을 살짝 들춰 보면 작은 알처럼 생긴 포자들이 빼곡히 붙어 있는 광경을 볼 수 있는데요, 마치 누군가 미니멀리스트 예술 작품을 잎 뒷면에 새겨 둔 것 같은 느낌이 듭니다. 이 포자들은 고사리가 수억 년 동안 생존해 온 비밀 병기와도 같습니다. 바람을 타고 멀리멀리 흩날리며, 심지어 척박한 환경에서도 싹을 틔울 수 있는 놀라운 생명력을 지녔죠.

그런데 이 포자를 본 사람들의 반응은 참 극단적입니다. 어떤 사람들은,

"와, 이 배열 진짜 예술인데?"

하며 찬사를 보내지만 또 다른 사람들은,

"으악! 소름 돋아!"

라며 깜짝 놀라기도 합니다. 이 반응은 흔히 '트라이포포비아(Trypophobia)', 즉 구멍 공포증과 관련이 있습니다. 트라이포포비아는 작은 구멍이나 반복적인 패턴이 빼곡히 모여 있는 모습을 볼 때 심리적 불편함이나 혐오감을 느끼는 현상을 말합니다.

고사리의 포자들은 잎의 뒷면에 작은 점처럼 촘촘히 배열되어 있어, 이 패턴이 특정 사람들에게 본능적으로 거부감을 줄 수도 있으니 혹시나 궁금해 뒷면을 보게 될 때에는 심호흡 한 번 크게 하시고 한쪽 눈은 살짝 감은 상태에서 감상 바랍니다.

아름다움 하나로 충분한 이팝나무

 여러분, 이팝나무 잘 아시죠? 요즘 숲과 나무에 대한 관심이 높아지면서, 이팝나무 정도는 많은 분들이 쉽게 알아보곤 합니다. 그런데 혹시 이름만 들어서는 감이 잘 안 오신다면, 꽃이 피는 계절에 한 번만 보면 바로,

 "아, 맞아! 이게 이팝나무였지!"

 하고 알아채실 거예요. 특히 봄과 초여름, 이팝나무가 가지마다 눈처럼 하얀 꽃을 피우면 그 모습은 그야말로 장관입니다. 나무 위로 눈송이가 내려앉은 듯한 풍경은 환상적이죠.
 거리 풍경을 화사하게 밝히는 길가의 이팝나무들, 그리고 정원수로도 큰 인기를 끌고 있는 이 나무는 집 앞에 한 그루만 심어도 봄마다 작은 축제가 열린 듯한 기분을 느끼게 해 줍니다. 꽃이 만개한 이팝나무를 보면 왠지 그늘에 앉아 '아, 세상 참 좋다!'며 여유를 부리고 싶어지죠.
 이팝나무의 매력은 이름에 담긴 이야기만 봐도 이 나무가 얼마나

특별한 존재인지 알 수 있습니다. 먼저, 이팝나무라는 이름은 그 하얀 꽃이 마치 쌀밥, 즉 '이밥'을 떠올리게 한다는 데서 유래했다고 합니다. 꽃을 보며 밥 생각이 나게 하다니, 이팝나무는 예쁘기만 한 게 아니라 실속까지 챙기는 나무라 할 만하죠.

옛날 사람들은 이팝나무가 꽃을 활짝 피우는 해에는 풍년이 들 거라 믿었고, 반대로 꽃이 적게 피면 흉년이 될까 걱정했다고 합니다. 그렇게 이팝나무는 자연스럽게 풍요와 기원의 상징으로 자리 잡았습니다.

또 다른 설도 있습니다. 이팝나무의 꽃이 피는 시기가 절기상 입하(立夏) 무렵과 맞물려 처음에는 '입하나무'라 불렸다고 합니다. 하지만 시간이 흐르면서 발음이 변해 '이팝나무'가 되었다는 거죠.

여기에 더해, 조선 시대에는 쌀밥을 '이씨 왕조의 밥', 줄여서 '이밥'이라 불렀다는 이야기도 전해집니다. 조선 왕조와 쌀밥, 그리고 이팝나무가 이렇게 연결되다니, 사람들의 상상력이 이렇게 풍부하구나 싶습니다. 물론, 정확한 기록이 남아 있지 않기에 재미 삼아 들어볼 만한 이야기일 뿐입니다.

이팝나무에는 아름다운 전설도 담겨 있습니다. 보릿고개 시절, 굶주린 아기를 먼저 떠나보낸 어머니가 아기의 무덤가에 이팝나무를 심었다는 슬픈 이야기가 있죠. 어머니는,

"저세상에서는 마음껏 쌀밥을 먹어 보렴."

하는 간절한 마음으로 이 나무를 심었고, 이후 이팝나무는 하얀 꽃을 소복하게 피우며 어머니의 마음을 전하는 나무가 되었습니다. 이 이야기를 알고 나면, 이팝나무의 꽃송이는 아름다움 이상으로, 어머니의 간절한 마음과 애틋한 사랑이 피어난 것처럼 느껴집니다.

그런가 하면, 서양 사람들은 이팝나무의 하얀 꽃을 보고 쌀밥 대신 눈꽃을 떠올렸다고 합니다. 그래서 영어로는 '스노우 플라워 트리(Snow Flower Tree)'라는 이름으로 불립니다.

재미난 점은 이팝나무의 꽃에는 꿀이 없다는 사실입니다. 일반적으로 많은 꽃들은 꿀을 분비해 벌이나 나비 같은 곤충들을 유인하지만, 이팝나무는 조금 다른 방식을 취합니다. 이팝꽃은 꿀샘(밀선)이 발달하지 않아 꿀이 생성되지 않으며, 이로 인해 꽃이 만개해도 꿀을 찾는 곤충들이 많이 모이지 않습니다.

그렇지만 이팝나무는 꽃가루를 이용해 곤충들을 유인합니다. 이팝나무의 달콤한 꽃가루는 곤충들에게 중요한 영양 공급원이 되어, 꿀 대신 꽃가루를 채집하기 위해 이팝나무를 찾습니다. 곤충들이 꽃가루를 옮기는 과정에서 이팝나무의 수분이 이루어지며, 이는 꿀 없이도 자연스럽게 생식 과정을 이어 가는 독특한 전략을 보여 줍니다.

꿀벌들이 잘 모이지 않아 양봉업계에서는 조금 아쉬운 나무일 수도 있겠지만, 이팝나무는 꿀 없이도 그 자체로 독보적인 아름다움과 존재감을 자랑합니다. 말 그대로,

'내 아름다움 하나로도 충분하다!'

라고 자신 있게 말하는 나무라 할 수 있겠네요.

이팝나무는 물푸레나무과에 속하는 큰키나무로, 20~30미터까지 자랄 수 있습니다. 특히 꽃이 피는 5월에는 나무 전체가 하얗게 뒤덮여 초록 잎이 보이지 않을 정도로 환상적인 모습을 자랑합니다.

한국과 중국, 일본에만 분포하고 있으며 세계적인 희귀종으로 꼽힐 정도로 보기 힘든 나무입니다. 한국은 인공증식에 성공해 가로수로 심을 만큼 흔해졌지만, 일본과 중국에선 멸종위기 식물로 등록해 놓을 만큼 귀한 나무이기도 하죠. 추운 겨울에는 동해를 입을 수 있어, 노거수들은 남부 지방에서 주로 발견이 됩니다.

이팝나무의 하얀 꽃송이는 아름다움만을 위한 것이 아닙니다. 그 속에는 풍요를 기원하며 살았던 옛사람들의 염원과 삶의 이야기가 담겨 있습니다. 쌀밥을 연상시키는 이 꽃은 조상들에게는 풍년의 상징이자 희망의 메시지였습니다.

이팝나무를 마주할 때마다, 그 하얀 꽃잎 속에서 풍요를 꿈꾸던 옛시람들의 마음과 자연의 순환이 전하는 깊은 의미를 떠올려 보세요.

꽃, 열매, 이야기로 가득한 명자나무

명자라고 하면, 왠지 정겨운 할머니 세대의 이름이 떠오르지 않으세요? 영자, 순자, 미자… 예전엔 참 흔했던 이름이 이렇게 나무에도 붙어 있다니, 뭔가 푸근한 기분이 들죠? 나무 이름에서 옛 추억이 스멀스멀 올라오는 걸 보면, 자연은 역시 사람 마음을 어루만지는 재주가 있는 것 같습니다.

이 명자나무는 동아시아를 중심으로 오래전부터 사랑받아 온 나무입니다. 사실 고향은 중국인데, 한국과 일본에서도 아주 흔히 볼 수 있죠. 그런데 19세기쯤 서양으로 진출하면서 전 세계 정원사들의 마음을 단번에 사로잡았습니다. 말 그대로 동양의 매력을 품고 서양 정원을 휩쓸었다고 할까요?

서양에서는 이 나무를 '플라워링 퀸스(Flowering quince)' 또는 '재패니스 퀸스(Japanese quince)'라고 부르는데, 여기서 'quince'는 모과를 뜻합니다. 아마도 이 나무의 열매가 모과를 닮아서 붙여진 이름일 겁니다.

그런데 원산지가 엄연히 중국인 이 나무에 'Japanese'라는 이름을 붙이다니, 명자나무 입장에서는 조금 억울할 수도 있겠죠.

'내 고향은 중국이라니까!'

하고 항변이라도 하고 싶을 것 같습니다. 아마도 일본 학자들의 발 빠른 활동 덕분에 이런 이름이 자리 잡은 것 같지만, 이렇듯 작은 혼동조차 명자나무가 얼마나 글로벌한 매력을 지닌 나무인지를 보여 주는 재미난 일화로 볼 수 있지 않을까요?

이 명자나무는 이름이 굉장히 다양합니다. 정식으로는 '명자나무', '명자꽃'이라 하지만, 상황에 따라 '아가씨나무', '아기씨꽃', '처녀꽃', '옥당화' 등 별칭도 수두룩합니다. 옛날 책들에서는 '산당화'라고 부르기도 했고, 심지어 '해당화'와 헷갈려 사용했던 기록도 있습니다.

하지만 여기서 정리 한 번 싹 하고 갑시다! 해당화는 해안가 장미속(Rosa) 식물이고, 명자나무는 차에노멜레스속(Chaenomeles) 식물이며, 산당화라는 명칭은 역사 속 혼동의 부산물일 뿐입니다. 결론! 셋 다 다른 나무입니다!

자, 그럼 명자나무가 왜 그렇게 정원사들의 사랑을 받을까요? 바로 그 붉은빛 꽃 때문입니다. 이른 봄, 아직 나뭇잎이 나오기도 전에 빨간색 또는 주홍빛 꽃이 가지에 '짠!' 하고 먼저 피어납니다. 다른 애들이 '언제 꽃 피울까?' 하고 눈치만 볼 때 명자나무는,

'내가 먼저!'

하고 한발 앞서 벌과 나비 같은 꽃가루 매개자들을 초대하죠. 그리고 꽃이 워낙 예뻐서 사람들 눈에도 한껏 점수를 땁니다. 흰색, 분홍색 꽃이 피는 품종도 있으니 취향에 따라 골라 심는 재미도 있습니다.

명자나무는 키가 2m쯤 자라는데, 가지가 여러 개 포기 형식으로 퍼져 나갑니다. 가까이 다가갈 때는 가시에 주의하세요! 이 가시는 동물이나 곤충이 맛있게 뜯어 먹지 못하도록 하는 나무 나름의 방패입니다. 그중에 가장 경계 대상은 사람이라는 말도 있습니다. 명자나무를 가장 많이 꺾는 것이 사람이기 때문이죠.

잎의 기초 부위에 달린 턱잎(엽초)도 해충이 잎에 접근하는 것을 막는 방어적인 기능을 하는데요, 식물의 성장을 돕는 중요한 방어 메커니즘입니다. 특히 명자나무와 같은 식물에서 턱잎은 어린잎을 보호하는 방패 역할을 하여, 생명력을 유지하게 만듭니다. 가시와 턱잎 하나에도 이렇게 자연의 섬세한 진화 전략이 숨어 있습니다.

가루받이는 주로 벌, 나비 등 곤충들이 맡는데, 의외로 직박구리 같은 새가 참여할 때도 있습니다. 새가 꽃꿀을 먹으려다가 꽃가루를 부리에 묻히고 다른 꽃으로 옮기는 거죠. 물론 새가 수분을 전문으로 하는 건 아니지만, 이러니저러니 해도 정원 생태계가 곤충, 새, 식물 모두 손에 손잡고 돌아가는 팀플레이 무대임을 보여 줍니다.

여름이 끝나면 명자나무에 모과 닮은 못생긴 열매가 맺히는데, 너무 딱딱하고 신맛이 강해서 생으로 먹을 수 없습니다. 그러나 향긋한 향과 풍부한 펙틴 덕에 잼이나 청, 술 등을 담그기에 그만입니다. 과거에는 감기 예방이나 기침 완화 같은 민간요법에도 활용했다 하니, 참 쓰임새 많은 나무라 할 수 있습니다.

명자나무 재배법도 꽤나 간단합니다. 햇빛 잘 들고 물 잘 빠지는 땅에 심으면 끝! 그러면 봄마다 멋진 개화를 볼 수 있습니다. 반그늘도 가능한데, 그늘이 진하면 꽃이 다소 소심해질 수 있다는 점, 기억해 두기 바랍니다. 가지치기에도 강하니 울타리용으로도 훌륭합니다.

명자나무는 아름다운 꽃과 은근한 매력으로 여러 전설과 속신을 낳았습니다. 일각에서는 명자나무를 집안에 심으면 과년한 딸이 바람이 난다든지, 꽃의 고운 자태가 부녀자를 유혹한다든지 하는 다소 황당한 이야기가 전해집니다.

하지만 이런 민간전승은 오히려 명자나무가 얼마나 사람들 일상 속에서 사랑받고 주목받아 왔는지를 보여 주는 재미있는 문화적 일화라고 할 수 있죠.

정리하겠습니다! 명자나무는 아주 오래된 역사, 풍부한 이름, 멋진 꽃, 재미있는 이야기까지 다 갖춘 나무입니다. 생태계에선 곤충과 새들과의 상호작용으로, 식탁 위에선 향긋한 재료로, 문화 속에선 다양한 의미를 품은 상징물로 자리 잡았습니다.

명자나무를 통해 봄꽃 한 송이 속에 숨겨진 깊은 역사와 생태, 문화가 얽혀 있다는 사실을 새삼 느낄 수 있겠죠?

붉나무의 맛과 멋을 찾아서

소금이 열리는 나무가 있다고 하면 믿어지나요? 그런 신기한 나무가 실제로 존재합니다. 바로 붉나무입니다!

대개 소금은 바다에서 온다고 생각하잖아요? '소금 = 바다'라는 공식이 머릿속에 딱 자리 잡혀 있으니 말이에요. 그런데 이 붉나무는 여러분의 고정관념에 조용히, 그러나 확실히 반기를 듭니다.

"소금은 꼭 바다에서만 나오는 게 아니야!"

라고 속삭이는 듯하죠.

붉나무의 열매를 자세히 보면, 겉에 흰 가루가 살짝 붙어 있습니다. 이 가루가 바로 짭짤한 맛의 비밀인데요, 우리가 아는 소금의 염화나트륨이 아니라, 사과산 칼슘이라는 독특한 미네랄 덩어리입니다. 덕분에 산짐승들이 이 열매를 핥으면서 '오! 바로 이 맛이야!'라며 고개를 끄덕이게 만들곤 하죠.

사람들에게도 이 붉나무 열매는 꽤나 유용합니다. 일부 지역에서는 이 가루를 모아 건강 소금으로 활용하거나, 간수 대신 두부를 만드는 데 쓰기도 하거든요. 바다소금 대신 산소금을 즐기는, 그야말로 독특한 '특산 식문화'가 형성된 셈이죠.

붉나무라는 이름은 그야말로 직관적입니다. 가을이면 잎이 선명한 붉은빛으로 변해, '불나부', '북나무', '붕나무' 따위의 별칭을 줄줄이 낳았죠. 모든 변종 이름의 결론은 하나, '야, 너 참 빨갛다!'입니다.

그래서일까요? 가을 숲을 거닐다 보면 붉나무가 단풍나무, 옻나무와 함께 '가을 빅3' 단풍 컬렉션을 선보이며 마치,

'가을 축제는 우리에게 맡기세요!'

하는 것 같습니다.

붉나무는 잎에 기생하는 진딧물이 만들어 내는 벌레혹이 있는데, 우리는 그것을 흔히 '오배자'라고 부릅니다. 이 오배자는 탄닌 함량이 매우 높아 염색과 피혁 가공 등 다양한 용도로 사용되었으며, 특히 조선 시대에는 오배자로 염색한 천이 독특한 색감과 뛰어난 품질로 널리 사랑받았습니다.

이뿐만 아니라, 오배자는 지사약으로도 활용되어 배앓이를 해결하는 데 큰 도움을 주었으니, 자연과 인간의 관계가 얼마나 조화롭고 실용적이었는지 느낄 수 있습니다.

또한, 붉나무는 귀신을 물리치는 나무로도 사용되었습니다. 일본에서는 붉나무로 죽은 사람의 관에 넣는 지팡이나, 뼈를 집는 젓가

락을 만들어 사용했으며, 불교 의식에서는 붉나무를 태워 펑펑 터지는 소리로 잡귀를 쫓는 벽사 의식을 행했습니다. 이는 붉나무 내부에 공기층이 많아 불에 타면 소리가 나는 특징 때문입니다.

이처럼 붉나무는 인간의 생활, 의식, 그리고 신앙에 깊숙이 연결되어 있는 다면적인 존재라 할 수 있습니다.

붉나무는 동아시아 전역에서,

"척박한 환경? 그게 뭐야?"

하며 꿋꿋하게 자라는 강인한 생명력을 자랑하는 나무입니다. 말 그대로 어떤 땅이라도 뿌리를 내리고 자리 잡는 이 나무는 자연의 '생존왕'이라 할 만하죠. 그런 덕분에 붉나무는 토양을 안정화하고 생태계를 복원하는 데 중요한 역할을 톡톡히 합니다.

여름이 되면 붉나무는 작고 귀여운 꽃을 피워 주변 풍경에 생기를 불어넣습니다. 이 꽃은 아주 크고 화려한 건 아니지만, 그 은은한 매력으로 나무 주변을 더욱 화사하게 만듭니다. 특히 고속도로 주변이나 황폐한 지역에서 붉나무를 만나면, 마치 자연이 "여기도 좀 꾸며 볼까?" 하고 살짝 손질한 느낌이 들 정도로 은근한 포인트를 만들어 주죠.

붉나무는 뛰어난 생명력과 은근한 아름다움 덕분에 생태 환경의 주역으로 활약하는 동시에, 관상용 나무로도 사랑받는 다재다능한 존재입니다. 그야말로 '한 가지로 부족하다면 전부 다 해내겠다!'는 의지가 느껴지는 나무랄까요? 게다가 전통문화 복원에서도 중요한 역할을 하며, 과거와 현재를 잇는 자연계의 다리 역할까지 톡톡히 하고 있습니다.

  강렬한 붉은 단풍으로 가을을 불태우는가 하면, 짭짤한 열매로 산짐승들의 관심을 독차지하며, 가지에 깃든 오배자로 자연의 치유 이야기를 들려주는 붉나무. 강인함과 아름다움, 그리고 실용성까지 두루 갖춘 이 나무는 그야말로 생태계 만능 해결사라 부를 만하죠.

느긋함과 너그러움의 상징, 느티나무

오늘은 한국 마을 숲의 진정한 스타, 느티나무를 소개합니다. '느티'라는 이름을 들으면 마치 누군가가,

"천천히, 여유 좀 가져 봐!"

하고 속삭이는 것 같지 않은가요?

실제로 이 나무는 싹을 늦게 틔운다 해서 '늦게 틔우는 나무'라는 뜻으로 이름이 붙었다는 설이 있습니다. 느티나무가 싹이 늦게 트는 건 사실이지만, 큰 나무일수록 작은 나무에 비해 싹이 늦게 트는 경향이 있으니 꼭 그것만이 이유라고 보긴 어렵죠.

다른 설로는 어디서나 늘 티가 난다는 표현에서 유래했다거나, '놋회(누런 회나무)'에서 왔다는 이야기도 있습니다. 결국 느티나무 이름에 대한 해석은 다채롭다 정도로 받아들이며, 이쯤에서 가볍게 넘어가는 게 좋겠습니다.

느티나무는 한국, 중국은 물론 세계 전역에서 특별히 사랑받는, 그야말로 '국제적 명품'이라 할 수 있습니다. 언어와 문화에 따라 다

양한 이름과 활용 방식이 있지만, 동서양을 막론하고 느티나무의 우아한 자태를 본다면,

"정말 멋진 나무군요!"

하고 감탄하는 마음만은 다들 공유하고 있죠.

느티나무는 그 쓰임새만큼이나 다재다능한 매력을 자랑하는 나무입니다. 건축용 목재로는 튼튼하고 아름다워 오래전부터 사랑받아 왔고, 정원과 공원을 우아하게 장식하는 조경수로도 손색이 없습니다. 거리의 가로수로도 듬직하게 자리 잡으며, 어느 곳에 있든 그 기품을 잃지 않으니, 그야말로 나무계의 명실상부한 에이스라 불릴 만하죠.

이렇게 우람하고 듬직한 느티나무는 오랜 세월 마을 사람들과 각별한 정을 나누어 왔습니다. 팽나무와 나란히 마을 수호신으로 추앙받으며, 명절이나 혼례, 대동계 같은 공동체의 성대한 잔치가 펼쳐지는 쉼터이자 마을의 상징적 랜드마크였죠.

덩치에 맞지 않게 열매는 너무 작고 보잘것없습니다. 작고 단단한 견과류 형태의 열매는 우리의 미각을 특별히 만족시키지 못하지만, 새나 다람쥐들에게는 '오늘 간식, 느티 열매!'를 외치며 모여드는 풍성한 간식거리가 되었습니다.

느티나무의 특이한 점 중 하나는 한 나무에서 '열매 맺은 잎'과 '열

매 없는 잎'이 함께 존재한다는 점입니다. 열매가 없는 잎은 좌우 대칭이 살짝 어긋나 있어 귀여운 별칭인 '짝궁둥이 잎'으로 불립니다. 이 잎은 주로 광합성을 통해 나무의 성장을 돕기 때문에 '성장잎'이라고도 부릅니다.

반면, 열매를 맺는 잎은 씨앗을 보호하고 멀리 이동시키는 역할을 합니다. 그래서 이 잎은 '생식잎'으로 구분되며, 크기도 성장잎에 비해 훨씬 작습니다. 생식잎이 달린 가지에는 네다섯 장의 작은 잎과 서너 개의 열매가 달려 있는데, 바람이 불면 이 생식잎이 가지째 떨어져 바람에 실려 이리저리 날아가거나 땅에서 뒹굴며 씨앗을 퍼뜨립니다.

이렇게 두 가지 서로 다른 잎이 한 나무에서 각자의 역할을 충실히 하며 공존하는 모습은 느티나무가 지닌 독특한 생태적 매력을 잘 보여 줍니다. 자연의 지혜가 이 한 그루 나무 속에 담겨 있다고 해도 과언이 아니겠지요.

목재도 명불허전입니다. 단단하고 무늬도 곱고 윤기도 잘잘 흐르죠. 그 덕분에, 전통 가구나 건축물에 애용된 건 말할 것도 없고, 세월을 견디며 한옥의 고급 자재로 우뚝 선 전적도 많습니다.

게다가 가야분, 천마총에서도 느티나무로 만든 관이 출토되었다니, 이건 그야말로 나무계 시상식에서 공로상을 줘야 할 수준 아닐까요? 일본 신사나 궁궐에서도 이 나무 목재를 쓴다고 하니, 동아시아 건축계에서 느티나무야말로 오래된 베테랑 스타임에 틀림없습니다.

이처럼 느티나무는 유구한 역사와 문화적 의미를 인정받아, 많은 지자체와 교육기관에서 시목(市木), 군목(郡木), 교목(校木)으로 지정되어 그 상징적 위상을 더욱 빛내고 있습니다.

예를 들어, 충북 괴산의 '괴(槐)' 자는 느티나무를 의미합니다. 원래 '괴(槐)'는 회화나무를 뜻하기도 하지만, 느티나무를 지칭하는 경우도 많습니다. 같은 한자의 음을 공유하며, 지역과 문화에 따라 느티나무의 의미를 품고 있는 것이죠. 이런 상징성은 느티나무가 우리 문화와 일상 깊숙이 자리 잡은 특별한 존재임을 보여 줍니다.

마음까지 푸른 물, 물푸레나무

오늘은 우리 주변에 많이 있지만 잘 알지 못했던 나무, 바로 물푸레나무에 대해 이야기해 볼까 합니다. 가지를 물에 담그면 푸르게 변한다고 해서 붙여진 이름, 물푸레나무. 이름만 들어도 마음까지 푸른 물이 드는 것 같지 않은가요?

물푸레나무는 우리의 역사와 문화, 스포츠, 신화, 그리고 현대 생태계까지 깊숙이 관여하며 삶의 곳곳에 뿌리를 내리고 있는 존재입니다. 오늘, 이 나무가 품고 있는 재미난 이야기들을 하나씩 풀어 보겠습니다.

조선 시대에 물푸레나무는 강하면서도 유연한 특징 덕분에 궁궐의 가구, 농기구는 물론, 소코뚜레나 곤장까지 이 나무로 만들어졌죠. 특히, 학생들이 무서워하던 회초리도 물푸레나무로 제작되었습니다.

물푸레나무 곤장은 죄인들에게는 악몽 그 자체였습니다. 워낙 강하고 탄성이 좋아, 이 곤장으로 맞으면 고통이 극심해 심한 경우엔 장독(매로 인해 생긴 상처)이 나서 목숨을 잃는 일도 있었다고 하죠.

전해 내려오는 설화에 따르면, 어진 임금이 등장하면 "곤장을 물푸레나무가 아닌 다른 나무로 만들어라!"는 명을 내리기도 했다고 합니다. 그러면 포도대장이,

"전하, 다른 나무로 곤장을 만들면 죄인들이 만만히 여겨 이 실직고를 하지 않으니, 다시 물푸레 나무로 만들게 허락해 주소서!"

라는 상서를 올리기도 했다고 합니다.

물푸레 회초리는 단지 처벌 도구가 아닌, 맞은 후에 정신이 번쩍 들면서 "더 열심히 공부하겠다"는 결심을 다지게 만드는, 일종의 정신적 각성제였죠.

그래서일까요? 과거 급제 후 고향으로 돌아가던 선비들은 길가의 물푸레나무를 볼 때마다 말에서 내려 절을 올렸다고 합니다. 아마 속으로는 이렇게 읊조렸을지도 모릅니다.

'너 아니었으면 내가 이 영광을 누릴 수 있었겠나!
고맙다, 물푸레!'

이처럼 물푸레나무는 조선 시대 사람들의 삶과 정신에 깊이 뿌리 내린 나무였습니다.

물푸레나무는 오늘날에도 우리 곁에서 멋지게 활약하고 있습니다. 특히 스포츠 용품으로 유명한데요, 야구 방망이와 하키 스틱의 주요 재료가 바로 물푸레나무입니다. 강하면서도 가벼운 특징 덕분에 메이저리그 선수들도 물푸레나무로 만든 배트를 선호한다고 하죠. 물푸레나무 없이는 홈런을 칠 때의 그 경쾌한 울림을 들을 수 없었을지도 모릅니다.

물푸레나무는 음악계에서도 중요한 역할을 합니다. 일렉트릭 기타의 보디(body) 재질로 사용되며, 선명하고 풍부한 사운드가 특징이라고 합니다. 그래서 기타리스트들은 이 나무로 만든 기타를 명기로 손꼽습니다. 이쯤 되면 물푸레나무를 자연계의 사운드 엔지니어라고 해도 과언이 아닐 것입니다.

북유럽 신화에서 물푸레나무는 우주의 중심을 상징하는 거대한 나무, 이그드라실로 등장합니다. 이 나무는 세상을 지탱하고 천상과 지하를 연결하며, 신들이 인간을 창조할 때도 몸을 만드는 재료로 사용되었죠. 세상을 창조하고 인간까지 만들어 낸 이 나무는 그야말로 세계의 설계도라 할 수 있겠죠?

일본 신화에서는 물푸레나무 가지가 번개의 신을 달래는 제물로 쓰였고, 북미 원주민들은 물푸레나무를 평화의 나무로 여겼습니다. 부족 간 갈등을 해결할 때 물푸레나무 아래 모여 화해의 상징으로 삼았다고 하니, 이쯤 되면 물푸레나무는 그저 평범한 나무로만 보이지 않습니다.

물푸레나무가 오래된 큰 나무가 별로 없는 이유는, 실용성이 너무 많다 보니, 눈에 보이는 대로 잘라 사용했기 때문이라고도 알려져 있습니다.

현대에서도 물푸레나무는 우리의 삶에 큰 영향을 미칩니다.

미국 시카고에서는 외래종 해충 비단벌레로 인해 물푸레나무가 대거 사라졌을 때, 학생들의 성적과 출석률이 감소했다는 연구 결과가 나왔습니다. 나무가 사라지면서 도시의 열섬 현상이 심화되고, 대기오염이 증가하며, 심리적 안정감도 줄어든 탓이죠.

프랑스 중부의 한 농부는 물푸레나무 덕분에 가뭄 속에서도 소들에게 신선한 먹이를 제공하며 큰 비용을 절약할 수 있었습니다. 물푸레나무 잎사귀는 비타민과 칼슘, 마그네슘, 칼륨 등이 풍부해 가축들에게 훌륭한 먹이가 됩니다. 농부는 이를 두고 '가뭄 보험'이라고 표현할 정도입니다.

숲과 공원의 길목에서 만날 수 있는 물푸레, 어쩌면 바람에 흔들리며 이렇게 속삭이고 있을지도 모릅니다.

"내 곁에 오면, 너의 마음도 푸르게 물들게 될 거야."

참나무는 숲속의 생명 창고

오늘은 우리 산과 들에서 흔히 볼 수 있지만, 그 가치와 아름다움을 제대로 알아보지 못했던 나무, 바로 참나무를 소개하려 합니다.

참나무 하면 어떤 모습이 떠오르시나요? 숲 어디에서나 볼 수 있을 만큼 익숙하고, 도토리를 주렁주렁 달아 여러 동물들에게 풍성한 먹거리를 제공하는, 마치 숲속의 밥상 같은 나무 말입니다. 혹시 너무 흔해서 볼품없다고 생각하셨나요? 그렇다면 잠시만요. 참나무는 생각보다 훨씬 더 특별한 나무입니다.

우선, '참나무'라는 이름부터 살펴볼까요? 참나무는 단일 종을 가리키는 이름이 아닙니다. 굴참, 갈참, 신갈, 떡갈, 졸참, 상수리나무 등 다양한 나무들이 '참나무 패밀리'에 속합니다. 공통점이라면 도토리를 맺는 나무들이라는 점이죠.

각각의 이름을 모두 기억할 필요는 없습니다. 이 나무들이 숲속에서 얼마나 중요한 역할을 하고 있는지 알아 가는 것만으로도 충분하니까요.

공원이나 길가에서는 요즘 루브라참나무나 대왕참나무 같은 외국

종들도 쉽게 볼 수 있으니, 우리 주변에 참나무는 정말 흔한 존재입니다. 하지만 그 흔함 속에 얼마나 깊은 가치가 숨어 있는지 아는 사람은 많지 않습니다.

왜 이 나무들을 '참나무'라 부를까요? '참'이라는 글자는 여기서 참과 거짓의 '참'이 아니라, '좋은', '진짜배기'라는 뜻에 가깝습니다. 그렇다면 뭐가 진짜배기라는 말일까요?

참나무 한 그루에는 100여 종 이상의 다양한 생명체가 의존하며 살아갑니다. 작은 곤충들이 참나무의 나무즙을 빨아 먹으면, 그 냄새를 맡은 새들이 찾아와 곤충을 먹죠. 동시에 참나무가 떨어뜨린 도토리는 다람쥐, 청설모, 멧돼지 같은 동물들에게 중요한 먹이가 됩니다.

즉, 참나무의 잎에는 나방이나 딱정벌레 같은 곤충들이 알을 낳고, 이 알은 새들의 먹이가 되어 자연 속에서 생명의 순환이 이루어집니다. 이렇게 참나무는 다양한 생명체들의 서식지이자 식량원이 되어, 생태계에서 중요한 역할을 담당합니다.

참나무의 줄기에는 이끼와 지의류가 자라며, 나무의 뿌리 주변에서는 균류가 공생 관계를 형성합니다. 균류는 나무에 영양분을 공급하며 동시에 땅속의 미생물들에게 중요한 서식처를 제공하죠.

이렇듯 참나무는 곤충, 새, 동물, 균류, 미생물까지 연결된 하나의 작은 생태계를 이루며, 모든 생명체가 유기적으로 상호작용하는 거대한 생명공동체의 중심이 됩니다. 그러니 참나무는 그 자체로 숲속의 '대형 마트'라 불릴 만합니다.

곤충에게는 안전한 먹이 창고, 새들에게는 풍성한 사냥터, 동물들에게는 든든한 식량 창고이자 피난처 역할을 하며, 심지어 인간에게도 생태적으로 중요한 자원과 혜택을 제공하니까요. 참나무 한 그루에 담긴 이 놀라운 생태적 역할은 자연의 섬세한 균형과 조화를 느끼게 해 줍니다.

옛날 사람들에게 도토리는 궁핍한 시절의 귀한 식량이었습니다. 잎과 껍질은 생활용품이나 주거 재료로도 쓰였죠. 즉, 참나무는 곤충뿐 아니라 사람들의 삶을 받쳐 주는 생활 밀착형 식량 창고이자 생필품 창고였습니다.

'참나무는 들판을 보며 열매를 맺는다.'

라는 옛말이 있습니다. 무슨 뜻일까요?

비가 적게 내려 가뭄이 들고 흉년이 든 해일수록, 참나무는 오히려 더 많은 도토리를 맺는다고 합니다. 왜 그런지 궁금하시죠?

참나무에게 가뭄은 오히려 좋은 소식입니다. 그 이유는 참나무가 바람으로 꽃가루를 옮기는 '풍매화'이기 때문입니다. 비가 적게 내리면 꽃가루가 공기 중에 더 멀리, 더 잘 퍼져 나갈 수 있어 수정이 더 잘 이루어지게 되고, 그 결과 도토리가 풍성하게 열리게 되는 것입니다.

하지만 비가 와야 할 시기에 가뭄이 들면 농사는 어려워집니다.

그래서 들판에 흉년이 들었을 때 참나무는 도토리를 풍성히 맺어 동물들에게 넉넉한 먹거리를 제공하고, 숲을 지탱하는 든든한 밥상이 됩니다. 자연의 이런 놀라운 균형을 보면, 참나무가 왜 숲의 보물로 불리는지 새삼 느껴지시죠?

옛날 사람도 그 사실을 알았을까요? 알았든 몰랐든, 그들에게 참나무는 고마운 나무였음이 분명합니다. 특히 흉년에는 더 많은 열매를 맺어 사람들의 배고픔을 달래 주었으니, 그 은혜를 기억하며 '참'이라는 특별한 이름을 붙였을지도 모른다는 상상을 해 봅니다.

이쯤 되면 '도토리'라는 단어의 유래도 궁금해지시죠?

'도토리'는 '도'와 '토리'가 합쳐진 말입니다. 여기서 '도'는 옛말로 '돼지'를 뜻하는데요, 실제로 산속에서 멧돼지가 특히 이 열매를 좋아한다고 합니다. '토리'는 '톨'에서 변한 말로, 한 톨 두 톨 곡식 낟알을 셀 때 쓰였던 단위입니다.

이런 언어의 흔적을 따라가 보면, 도토리가 우리 문화와 생활에 얼마나 자연스럽게 녹아들어 있는지 짐작할 수 있습니다.

참나무에서 볼 수 있는 또 하나의 특이한 점은 바로 충영입니다. 충영이란 벌레가 알을 낳아 형성된 특별한 구조물인데, 벌레들의 흔적에 그치지 않고 독특한 매력을 지니고 있죠.

처음엔 초록빛으로 시작해 가을이 되면 붉게 물들고, 겨울에도 떨어지지 않고 나무에 매달려 있는 모습이 인상적입니다. 모양도 다양해서 동그란 구슬처럼 생긴 충영도 있고, 장미 모양을 닮은 로제트형 충영도 있습니다. 마치 자연이 나무 위에 예쁜 꽃핀을 꽂아 놓은 것 같죠.

이렇게 생긴 충영은 나무와 곤충이 만들어 낸 협력의 흔적으로, 얼핏 보면 꽃보다 더 화려한 장식처럼 보이기도 합니다. 참나무는 이렇게 수많은 생명과 이야기를 품고 사계절을 이어 갑니다.

천 년을 품은 은행나무

 도심지 나무 중에서 가장 유명한 나무, 모두가 아는 나무가 있다면 뭘까요? 바로 은행나무입니다. 은행나무는 세상이 몇 번이나 무너지고 다시 태어나는 동안, 단 한 번도 자리를 떠난 적이 없습니다.

 2억 7천만 년. 공룡이 나타나고 사라졌고, 대륙이 갈라지고 빙하가 뒤덮던 시간 동안에도 이 나무는 묵묵히, 그리고 놀랍도록 끈질기게 살아남았습니다.

 멸종이라는 단어가 다른 생명들을 집어삼킬 때에도, 은행나무는 이렇게 말했습니다.

 "뭐, 나는 아직 괜찮아!"

 이 정도면 생명력 하나는 타고났다고 할 수 있겠죠?
 이 나무는 특히 현대사에서 또 한 번 빛을 발했습니다. 1945년 히로시마에 원자폭탄이 투하된 후, 모든 생명이 사라질 것 같았던 땅에서 은행나무는 싹을 틔웠습니다. 이 모습은 전 세계에 큰 감동을 주었고, 은행나무는 이후로 '평화'와 '재생'의 상징으로 자리매김하게 되었죠.

이쯤 되면 은행나무는 세계 최강 생명력의 나무라고 불러도 손색이 없을 겁니다. 수억 년을 견딘 것도 모자라, 핵폭발의 잿더미 속에서도 생명을 이어 간 은행나무를 보면 자연이 우리에게,

"진정한 생명력이란 이런 거야!"

라고 속삭이는 듯합니다.

은행나무는 활엽수처럼 보이지만 실제로는 침엽수에 속하는 독특한 나무입니다. 잎이 넓고 부채꼴 모양이라 많은 사람들이 활엽수로 착각하기 쉽지만, 은행나무는 꽃이나 열매 없이 씨앗을 노출시켜 번식하는 겉씨식물로, 실제로는 침엽수의 특징을 가지고 있습니다.

겉씨식물은 씨앗이 열매 속에 싸여 있지 않고, 노출된 상태로 자라는 식물을 말합니다. 은행나무의 씨앗은 육질로 덮여 있지만 진정한 의미의 열매가 아니라, 씨앗 주위를 감싸는 가짜 열매(가종피)입니다. 이 점에서 꽃을 피우고 열매를 맺는 속씨식물인 대부분의 활엽수와는 명확히 구별됩니다.

또한, 은행나무는 숲에서는 잘 자라지 않는다는 특징이 있습니다. 이유는 새들이나 짐승들조차도 가종피에서 나는 독특한 냄새를 싫어해 씨앗을 옮기지 않기 때문입니다. 그래서 은행나무가 자라는 숲은 대개 사람이 일부러 심은 경우가 많습니다. 이는 은행나무가 인

간의 삶과 얼마나 밀접하게 연결되어 있는지를 보여 주는 사실이기도 합니다.

은행나무가 인간의 삶과 깊이 연결되어 있고 독특한 매력을 지닌 것은 사실이지만, 열매가 떨어지는 계절이 되면 상황이 달라집니다. 코를 틀어막고 싶어지는 강렬한 냄새가 온 동네를 뒤덮죠.

사실 이 독특한 냄새는 은행나무의 방어 전략 중 하나입니다. 열매 겉껍질에 포함된 '빌로볼'과 '은행산'이라는 성분이 만들어 내는 냄새로, 동물들에게 이건 먹지 말라고 강하게 경고하는 것이죠. 하지만 인간은 어떤가요? 그런 경고쯤은 아랑곳하지 않습니다. 가을이면 거리마다 은행 열매를 줍는 사람들을 쉽게 볼 수 있으니 말이죠.

은행나무는 수나무와 암나무가 따로 있는 나무인데, 그래서 가로수로는 주로 냄새 걱정이 없는 수나무가 선호됩니다. 그런데 예전에는 나무 전문가들도 수나무와 암나무를 구분하기 어려워서,

"이건 운에 맡겨야지!"

라고 말하곤 했답니다. 다행히도 지금은 DNA 분석 기술 덕분에 어린나무의 성별도 구분할 수 있게 되었죠.

은행나무는 오염에도 강하고 해충에도 끄떡없는, 말 그대로 튼튼한 나무입니다. 이런 강인함 덕분에 도시에서도 아주 잘 자라죠. 길거리에 심어 놓으면 그 주변 풍경이 한결 멋스러워지는 건 덤입니다.

옛날에는 은행나무를 '압각수(鴨脚樹)'라고 불렀습니다. 왜냐하면 잎 모양이 마치 오리 발자국처럼 생겼거든요. 또 다른 이름으로는 '공손수(公孫樹)'라는 것도 있는데, 여기엔 더 깊은 뜻이 담겨 있습니다. 이 이름은 나무를 심은 손자가 열매를 맛볼 수 있다는 의미를 담아, 은행나무의 긴 생명력과 지속성을 기리는 이름입니다.

한국에서 가장 유명한 은행나무는 경기도 양평 용문사에 있습니다. 이 나무는 나이가 무려 1,100년에서 1,500년으로 추정되는데, 높이가 42미터나 되어 아파트 15층과 맞먹습니다.

1500년이라는 숫자를 곰곰이 생각해 보면, 이 나무는 삼국 시대 때 신라, 고구려, 백제가 치고받던 역사를 다 지켜봤을지도 모릅니다. 그렇게 긴 세월 동안 비바람과 눈보라를 다 겪고도 지금까지 당당히 서 있는 걸 보면, 이 나무야말로 역사의 산증인 같은 존재 아닐까요?

은행나무는 또 목재로도 자주 활용되는데, 나뭇결이 아름다워 조각가들에게 인기가 많습니다. 그리고 중국에서는 은행나무가 장수와 번영을 상징하며, 약용으로도 널리 쓰이고 있죠. 은행잎은 혈액 순환을 돕는다고 해서 전통 의학에서도 자주 등장합니다.

공룡 시대부터 지금까지 살아남은 은행나무는 그 자체로 자연이 만들어 낸 기적 같은 존재입니다. 바람이 불고 비가 쏟아지는 세월 속에서도 꿋꿋이 자리를 지키며 우리의 일상 속에 녹아든 이 나무를 가만히 바라보고 있으면, 왠지 경외심마저 듭니다.

행화촌에서 만난 살구나무

 살구나무는 크지도 화려하지도 않지만, 그 안에 잔잔한 이야기들이 숨어 있습니다. 오늘은 그 나무가 들려주는 소박한 이야기를 함께 나눠 보려 합니다. 어쩌면 지금껏 무심히 지나쳤던 한 그루 나무가 오늘 이야기를 통해 특별하게 다가올지도 모르겠습니다.

 '살구나무에 개를 묶어 놓으면 개가 죽는다.'

 여러분은 혹시 이런 우스갯소리를 들어 본 적이 있나요? 이는 한자로 살구를 '殺狗(개를 죽인다)'로 해석할 수 있어서 나온 농담인데요, 어디까지나 재미로 하는 말이니 걱정하실 필요는 없습니다. 그런데 이와 관련해 재미있는 전통이 하나 있습니다.
 개고기를 먹고 체했을 때 살구씨를 먹으면 체기가 내려간다는 속설이 있어, 예전엔 카운터 옆에 살구씨 상자가 준비되어 있었던 보신탕집이 종종 있었다고 합니다. 과학적 근거가 있었는지는 알 수 없지만, 아마도 옛사람들의 독특한 지혜나 민간요법에서 나온 이야기가 아닐까 싶습니다.

살구나무는 스님들 사이에서 특별한 나무로 여겨집니다. 스님들이 가장 선호하는 목탁이 바로 살구나무로 만들어진 목탁이거든요. 이유는 간단합니다. 살구나무로 만든 목탁은 맑고 깊은 소리로 유명하며, 마치 명품 바이올린인 스트라디바리우스처럼 뛰어난 음질을 자랑합니다.

살구나무는 공기의 떨림을 효과적으로 전달해, 소리가 물결처럼 널리 퍼져 나가는 특징이 있다고 합니다. 우리가 듣기에는 목탁 소리는 거의 똑같이 들리지만, 스님들 귀에는 또 그 울림과 깊이가 확연히 다르게 들리는가 봅니다.

혹시 행화촌(杏花村)이라는 말을 들어 본 적 있나요? 행화촌은 문자 그대로 살구꽃이 아름답게 핀 마을을 의미하지만, 술집이 많은 마을을 은유적으로 표현하는 데에도 사용되었습니다. 살구꽃과 술집이 연결된 데에는 역사적·문화적 배경이 있습니다.

살구꽃이 피던 옛날 봄날을 상상해 보세요. 살구나무 가지마다 연분홍 꽃들이 피어나 물결처럼 흔들리면, 사람들 마음도 덩달아 설레고 싱숭생숭해지곤 했겠죠. "이런 날씨에 집에만 있을 수는 없어!" 하고는 다들 꽃구경 나갈 준비를 했을 겁니다.

주로 꽃이 많이 핀 마을로 찾아가 꽃놀이를 했을 텐데, 그러다 보면 "한잔해야 하지 않겠어?"라는 말이 자연스럽게 나오곤 했겠죠. 눈치 빠른 상인들은 이런 기회를 놓칠 리 없습니다.

'꽃놀이에는 술이 빠질 수 없지!'

하며 살구꽃 아래에 술과 안주를 준비해 사람들을 끌어모았고, 그렇게 '행화촌'이라는 이름의 마을이 생겨나게 되었습니다.

또 이런 이야기도 전해집니다. 중국의 의사 동봉이라는 사람이 병을 치료받은 환자들에게 치료비 대신 살구나무를 심게 했다고 합니다. 시간이 흘러 그곳에는 울창한 살구나무 숲이 생겼고, 사람들은 그 숲을 '행림(杏林)'이라 부르게 되었습니다. 그뿐만 아니라, 살구나무에서 열린 열매는 어려운 사람들을 돕는 데 쓰였다고 하죠. 널리 알려진, 따뜻하고 아름다운 이야기입니다.

그러나 살구나무에 대한 속담은 대개 씁쓸합니다. '빛 좋은 개살구'라는 말 들어 보셨죠? 겉모양은 번지르르 하지만 실속이 없다는 뜻입니다. 또 이런 속담도 있습니다.

'개살구 지레 터진다.'

어떤 일이 서투른 사람이 조급하게 덤비다가 그르친다는 말이죠.
왜 살구나무가 이런 부정적인 이미지로 연결되었을까요? 우리나라에 자생하는 살구나무는 개살구가 많은데, 열매가 작고 떫어서 그런 게 아닐까 생각됩니다.

이름 앞에 '개'가 붙으면 뭔가 못하다는 의미가 생기는데, 여기서 재미있는 사실 하나! 요즘 '개'라는 접두사는 완전 반대 의미로 쓰인다는 거죠. '개좋아, 개꿀, 개슬픔'처럼 말이에요. 시대가 변하면서 언어도 변하고, 부정적인 의미였던 것이 긍정적인 의미로 확 바뀌는 겁니다. 정말 놀랍죠?

마지막으로, 살구나무의 열매와 씨앗은 우리 건강에도 참 좋습니다. '행인'이라고 부르는 씨앗은, 이비인후과나 호흡기 질환에 좋다고 하고, 열매는 비타민 A와 구연산, 사과산이 들어 있어 신진대사를 돕는다고 하네요.

'이렇게 몸에 좋은 나무라니!'

이쯤 되면, 부정적인 의미로 자주 써서 살구나무에게 사과해야 할 것 같습니다.

살구나무는 이렇게 사람들의 삶, 철학, 그리고 문화를 담고 있습니다. 봄날 살구꽃이 흐드러지게 피어나면, 꽃길을 따라 여행을 떠나 보세요. 살구 꽃잎 한 장 띄워 놓고 봄의 향기와 함께 술 한잔 기울이는 것은 어떨까요?

수크령과 강아지풀 두 친구 이야기

오늘은 들판에서 자주 마주칠 수 있는 두 친구, 수크령과 강아지풀에 대해 이야기해 보겠습니다. 혹시 이 둘을 보며,

'강아지풀이 커지면 수크령이 되는 거 아닌가요?'

라고 생각해 본 적 있나요? 그렇지 않습니다! 둘은 전혀 다른 종으로, 각각의 독특한 특징과 매력을 지닌 식물입니다. 이 두 친구의 이야기를 재미있게 살펴보며 그 차이를 비교해 보겠습니다.

먼저 강아지풀 이야기부터 시작해 볼까요? 길가나 들판에서 바람에 살랑살랑 흔들리는 강아지풀, 한 번쯤 본 적 있죠? 그 모습은 마치 강아지가 반갑다고 꼬리를 흔드는 것처럼 보이는데요, 그래서 이름도 강아지풀이라고 붙여졌답니다.

영어권에서는 강아지풀을 '폭스테일(Foxtail)'이라고 부르는데, 여우의 풍성한 꼬리를 닮았다며 붙여진 이름이에요. 이렇게 동서양 어디서나 강아지풀을 보며 동물의 꼬리를 떠올린다니, 자연을 바라보는 사람들의 마음과 상상력은 어디서나 비슷하다는 것을 알 수

있습니다.

강아지풀 하면 빼놓을 수 없는 게 바로 질긴 생명력입니다. 흙만 있으면 어디든 뿌리를 내리고 쑥쑥 자라는 이 강인한 풀은 밭, 논, 들판, 길가, 심지어 아스팔트 갈라진 틈에서도 자라는 걸 종종 볼 수 있습니다. 어딜 가도 만날 수 있는 이 강아지풀, 정말 대단하죠?

어릴 적 이 강아지풀로 장난치며 깔깔 웃던 기억, 떠오르지 않으세요? 손으로 이삭을 돌려 머리카락에 리본처럼 붙이거나, 친구의 엉덩이에 몰래 달아 웃음을 터뜨리던 그 순간들 말이죠. 강아지풀은 아이들에게 놀이 도구이자 자연이 준 작은 선물이었습니다.

그런데 강아지풀은 사람뿐 아니라 고양이와도 특별한 인연을 가지고 있습니다. 일본에서는 강아지풀이 고양이들의 장난감으로 유명합니다. 그래서 '네코자라시(猫じゃらし: 고양이 풀)'라고 부르는데요, 고양이가 강아지풀과 장난치는 모습에서 유래된 이름이라고 합니다. 지금도 일본 펫마켓에서는 강아지풀을 본뜬 고양이 장난감이 큰 사랑을 받고 있습니다.

하지만 고양이에게 실제 강아지풀을 주실 땐 주의가 필요합니다. 강아지풀의 이삭이 털이나 발톱 사이에 끼거나, 이삭에 진드기가 숨어 있을 수 있기 때문이죠. 고양이에게 장난감을 주는 건 좋지만, 깜짝 선물은 피해 주셔야 합니다.

이제 수크령 이야기를 해 볼까요?

수크령은 강아지풀과 비슷한 모습이지만, 훨씬 더 강인하고 우아한 느낌을 줍니다. 은빛으로 반짝이는 길고 가느다란 꽃이삭은 마치 솜사탕처럼 부드러워 보이지만, 실제로는 억세고 질겨서 손으로 뜯으려다 다칠 수도 있는 식물이죠. 그래서 일본에서는 수크령을 '찌까라시바(力芝)', 즉 '힘센 풀'이라고 부릅니다.

강아지풀이 수크령을 보면 이렇게 부를 것 같네요.

"힘센 형님!"

영어로는 수크령을 '파운틴 그래스(Fountain Grass: 분수 풀)'라고 부르는데, 분수를 연상시키는 꽃이삭의 모습에서 비롯된 이름이라고 합니다. 그들의 눈에는 수크령이 은빛 물줄기를 뿜어내는 분수처럼 보였나 봅니다. 참 자연 속에서 느껴지는 상상력은 끝이 없죠?

수크령은 환경을 보호하는 데도 중요한 역할을 합니다. 붕괴지 복구와 도로 비탈면 안정화에 활용되는데요, 짧고 단단한 뿌리가 흙을 꽉 잡아 주는 데 아주 효과적입니다. 유럽과 북미에서도 수크령을 도로 비탈면 피복용으로 많이 사용한다고 하니, 이 풀의 강인함은 세계적으로 인정받고 있습니다.

강아지풀과 수크령, 외형적으로도 차이가 뚜렷합니다. 강아지풀의 이삭은 짧고 둥글며 억센 털로 덮여 있어 강아지 꼬리를 떠올리게 하고, 수크령의 꽃이삭은 길고 가늘며 은빛 털로 덮여 있어 부드럽고 우아한 인상을 줍니다.

  잎의 모양도 다릅니다. 강아지풀의 잎은 짧고 넓으며 끝이 둥글지만, 수크령은 길고 가늘며 끝이 뾰족하죠.

  하지만 강아지풀과 수크령 모두 가끔 농장주들에게 골칫거리가 되기도 합니다. 강아지풀은 이삭의 털과 씨앗이 말이나 소의 잔등에 달라붙어 잘 떨어지지 않아 가축을 불편하게 하고 농장주의 속을 썩이죠. 반면 수크령은 질긴 뿌리와 줄기 때문에 제초 작업이 쉽지 않아,

  "풀 한 포기 뽑는 데 한 시간이 걸렸네!"

  하는 하소연이 나올 정도랍니다.

덩굴 속 야생의 매력, 댕댕이덩굴

혹시 '댕댕이'라는 단어를 들으면 가장 먼저 무엇이 떠오르나요? 아마 많은 분들이 강아지를 떠올리실 것 같은데요. 그런데 '댕댕이'라는 이름을 가진 식물이 있다고 하면, 조금 의외라고 느끼실 수도 있겠죠? 바로 '댕댕이덩굴'이라는 식물입니다.

재미난 이야기가 하나 있는데, 어떤 번역기에 댕댕이덩굴 이름을 입력하면 '퍼피 바인스(Puppy vines)'라고 번역해 준다는 거예요. '강아지 덩굴'이라니, 최첨단 AI 시대에 이런 재미있는 오류가 있다는 게 참 '웃프지' 않을 수 없습니다.

이름만 들으면 귀여운 강아지처럼 친근한 느낌이지만, 이 녀석은 결코 만만치 않은 생명력을 가진 덩굴식물이에요. 한번 자라기 시작하면 주변의 다른 식물들을 금세 뒤덮어 버릴 정도로 강한 성장력을 자랑합니다.

댕댕이덩굴은 우리 주변에서 꽤 흔히 볼 수 있는 덩굴식물입니다. 잎 모양이 하트 모양으로 생겼고, 줄기가 길게 뻗어 나가면서 나무나 주변 구조물을 타고 올라가죠.

이 덩굴의 열매도 눈에 띄는 특징 중 하나인데요. 열매가 익으면 검푸른색의 작은 알맹이들이 포도송이처럼 주렁주렁 달립니다. 혹시 길을 걷다 흑진주 같은 열매를 잔뜩 매단 덩굴을 보셨다면,

"이거 혹시 댕댕이덩굴일까?"

하고 한 번쯤 생각해 보아도 좋을 것 같아요.

이처럼 댕댕이덩굴은 그 이름 때문에 강아지와 어떤 관련이 있을까 하고 생각할 수 있지만, 사실 아무런 연관이 없습니다. '댕댕이덩굴'이라는 이름은 오래전부터 사람들 사이에서 전해 내려온 토속적인 이름일 뿐이죠.

그런데 요즘은 '댕댕이' 하면 대부분 귀여운 강아지를 떠올리게 되잖아요? 이런 시대적인 감성 덕분에, 댕댕이덩굴이라는 이름도 더 친근하고 인상 깊게 다가오게 된 것 같습니다.

영어권에서는 댕댕이덩굴을 '부시킬러(Bushkiller)'라고 부릅니다. 절대 'Puppy vines' 같은 귀여운 이름이 아니죠. 이름만 들어도 왠지 액션 영화의 등장인물처럼 강렬한 인상을 줍니다.

왜 이런 무시무시한 별명이 붙었을까요? 바로 번식력이 엄청나서 다른 식물들을 순식간에 뒤덮어 버릴 수 있기 때문입니다. 실제로 야생에서 자라는 모습을 보면, 주위의 잡초나 키 작은 관목 위를 빠르게 뻗어 나가며 깔아뭉개 버리는 경우를 종종 볼 수 있습니다.

하지만 너무 겁먹을 필요는 없습니다. 댕댕이덩굴도 적절히 관리

2장 우리 숲의 풀과 꽃, 나무 이야기

만 해 주면, 생각보다 훨씬 멋스러운 정원용 관상식물이 될 수 있습니다. 이 덩굴의 잎은 싱그러운 초록빛을 띠는데, 햇빛 아래서 반짝반짝 윤이 나는 하트 모양이 은근히 고급스럽거든요. 가늘고 긴 줄기가 벽이나 울타리를 부드럽게 감싸며 푸릇푸릇한 분위기를 연출할 수도 있고요.

물론 'Bushkiller'라는 별명이 그냥 생겨난 것은 아니니, 키우거나 배치할 때는 주의를 기울여야 합니다. 이미 정원에 다른 식물들이 자리를 잡고 있다면, 댕댕이덩굴이 이웃 식물을 해치지 않도록 가지를 미리 손질해 주거나 울타리 등을 이용해 범위를 제한해 주면 좋습니다. 또, 이 덩굴이 너무 빠른 속도로 뻗어 나갈 것 같다면 가지치기를 적절히 해 주어 '침략'을 막아야 하죠.

우리에게 익숙한 담쟁이덩굴은 벽에 찰싹 달라붙어 자라며, 가을이면 잎이 빨갛게 물드는 아름다운 변신으로 눈길을 끕니다. 반면, 댕댕이덩굴은 좀 더 야생적인 매력을 지니고 있는데요. 특히 열매가 포도송이처럼 주렁주렁 맺히는 점이 담쟁이덩굴과의 큰 차이점입니다.

또한, 담쟁이덩굴은 흡반을 이용해 벽이나 나무에 단단히 붙어서 자라지만, 댕댕이덩굴은 줄기를 휘감아 다른 물체를 타고 올라가는 방식을 사용합니다. 이러한 독특한 차이 덕분에 두 덩굴은 생김새뿐 아니라 자라는 방식에서도 각자의 개성을 드러냅니다.

둘 다 덩굴식물이긴 하지만, 그 생김새와 성격이 사뭇 다르다는 점! 둘 다 다른 나무를 타고 올라가지만,

"난 잎이 너보다 더 예뻐!"

라고 댕댕이가 말하는 느낌이랄까요?

댕댕이덩굴의 줄기는 길고 질겨서 수공예 재료로 활용되었다고 합니다. 바구니를 엮거나 멍석, 발 등을 만들기도 했으며, 철사가 귀하던 시절엔 이 댕댕이덩굴 줄기가 자연산 철사 역할을 했다는 이야기도 있습니다. 실제로 덩굴을 10㎝쯤 잘라 양쪽을 잡고 당기는 놀이를 할 수 있는데요, 철사처럼 여간해선 끊어지지 않습니다.

댕댕이덩굴 열매는 베리처럼 생겨서 왠지 한 입 쏙~ 먹어 보고 싶게 생겼을 수도 있습니다. 하지만 함부로 먹는 건 비추!

옛날에는 이걸로 술을 담그거나 약재로 썼다는 얘기도 있지만, 제대로 모른 채 섣불리 먹었다가는 약이 아니라 곧바로 '응급 상황'이 될 수 있습니다. 야생 식물은 먹기 전에 꼭 전문가의 조언을 구하세요. 아무리 배고파도 자연산이라고 다 건강한 건 아니거든요!

댕댕이덩굴은 전국 곳곳 산과 들에서 흔하게 볼 수 있습니다. 아무 데나 잘 붙어서 훅훅 자라는 생명력을 자랑하죠. 오죽하면 부시 킬러겠어요?

하지만 너무 만지작거리다 알레르기 반응이 있을 수도 있어요. 강아지(댕댕이)만큼 귀여워 보인다고 무턱대고 만지기보다는, 혹시 모르니까 '조심!' 하는 게 안전한 자연 관찰 예절입니다.

2장 우리 숲의 풀과 꽃, 나무 이야기

층층나무, 도심 속에서 만나는 자연의 예술

　가끔은 산길을 오르다 우연히 시선이 멈추는 순간이 있습니다. 예를 들어, 나무들 사이에서 겹겹이 층계를 쌓은 듯 독특한 자태를 뽐내는 나무 한 그루를 보았을 때 말이죠. 처음에는 무심히 지나쳤다가, "어?" 하고 뒷걸음질 치며 멀찌감치서 다시 바라보면, 그 수형이, 자연이 만들어 낸 예술 작품 같아 감탄이 절로 나옵니다.

　그 나무, 바로 '층층나무'입니다. 이름만 들어도 감이 오시죠? 가지가 한 층, 두 층, 세 층… 차곡차곡 쌓아 올린 모습이 딱 그 이름에 들어맞습니다.

　자연 속에서 이렇게 가지런히 층계를 이룬 나무를 찾기는 쉽지 않은데요, 하지만 멀리서 보면 정말 층층이네, 싶다가도 가까이 다가가 올려다보면 그 구조가 잘 보이지 않아 아쉽기도 합니다. 그래서 이 나무는 적당히 거리를 두고 봐야 멋짐을 볼 수 있는 나무죠.

　특히, 흰 꽃이 흐드러지게 피어날 때면, 층층마다 하얀 구름을 하나씩 얹은 듯한 풍경이 펼쳐지는데요, 동화 속 한 장면처럼 그 구름 위에서 뒹굴고 싶은 상상에 젖게 됩니다.

이 나무는 영어로 '도그우드(Dogwood)'라고 불립니다. 재미있게도 산딸나무 역시 Dogwood라고 불리는데, 산딸나무는 층층나무와 같은 과에 속해 있어 동일한 이름으로 불리게 되었습니다.

옛날에 이 나무의 단단한 가지로 단검(dagger)의 손잡이를 만들었다는 설이 있습니다. 여기서 '도그(dog)'가 아니라 '대거(dagger)'가 변형된 표현이라는 해석도 있고, 또 다른 설로는 과거에 개 훈련에 사용하던 튼튼한 막대기를 지칭하던 표현에서 비롯되었다는 이야기가 전해집니다.

이름의 기원은 민간에서 전해져 오는 얘기로 실제와는 다소 차이가 있을 수 있지만, 층층나무과의 나무껍질로 개의 피부병을 치료했다는 말은 실제 서양에서 전해지는 얘기입니다.

한자로는 '폭목(暴木)'이라 하는데, 이는 이 나무가 햇빛을 독차지하려는 성향이 강해 다른 나무의 생장을 방해하기 때문입니다. 한마디로, 햇살 좋은 자리에서는 이웃을 배려하지 않는 '태양 독식형' 나무라 할 수 있습니다.

어원이라는 게 대개 구전으로 전해지는 과정에서 뜻밖의 방식으로 변형되고 굳어지는 경우가 많습니다. 지금처럼 활자로 기록되던 시대가 아니라면, 이름이 어떻게든 바뀌어 자리 잡는 건 어찌 보면 자연스러운 일이었겠죠.

층층나무라는 우리말 이름은 아주 직관적입니다. 가지들이 층층이 펼쳐져 있어,

"자연의 정갈함이란 이런 것이구나!"

싶을 정도입니다.

또 하나 독특한 것은, 이 나무가 상처를 입으면 주황빛 수액을 흘린다는 겁니다. 이 수액이 마르면서 끈적한 덩어리로 굳는데, 봄철에는 사람들이 몸에 좋다며 이를 받아 마시기도 합니다. 맛은 달달하지만, 나무 특유의 향이 강해서 호불호가 갈리기도 하죠. 나무에 뚫은 구멍마다 주황빛 덩어리가 굳어 있는 모습을 보면, 마치 피딱지처럼 보여 조금 안쓰러운 마음이 들기도 합니다.

그리고 가을이 되면 이 나무는 또 다른 매력을 선보입니다. 잎마다 붉고 노란 물감이 번지듯 물들어서 산책 중에,

"아, 가을이구나!"

하고 느끼게 만드는 데 이만한 나무가 없습니다. 꽃도 빼놓을 수 없죠. 봄에는 하얀 꽃이 바람에 살랑이며 청량감을 더해 주고, 밤에는 낭만적인 분위기를 만들어 줍니다.

도심 속에서도 층층나무를 만나는 건 어렵지 않습니다. 공원이나 아파트 단지, 혹은 길가의 조경 공간에서 은근히 자주 볼 수 있는데요, 이는 그만큼 사람들이 이 나무를 좋아하기 때문입니다.

이유는 단순합니다. 층층나무는 사계절 내내 다른 매력을 선사합니다. 봄에는 가지마다 흰 꽃이 흐드러지게 피어나 청량감을 주고,

가을에는 붉고 노란 단풍으로 풍경을 물들입니다. 겨울에는 독특한 가지의 수형이 고스란히 드러나 우아한 실루엣을 자랑합니다.

무엇보다 이 나무는 지나치게 화려하지 않으면서도 결코 밋밋하지 않은, 절제된 균형감이 돋보입니다. 그래서 많은 이들이 도심 속에서도 층층나무를 가까이 두고 싶어 하는 게 아닐까요?

숲의 완성을 알리는 서어나무

 숲을 걷다가 몸이 울퉁불퉁한 나무를 본 적 있나요? 마치 헬스장에서 운동한 보디빌더처럼 보이는 나무라면, 바로 서어나무일 확률이 높습니다. 오늘은 이 특별한 나무에 대한 재미있는 이야기를 들려드리겠습니다.
 서어나무는 흔히 '머슬 트리(Muscle Tree)'라고 부릅니다. 왜냐하면 나무 몸통이 근육질처럼 울퉁불퉁하기 때문이죠. 누군가는 농담으로,

 "서어나무는 피트니스 잡지 모델로 나와야 돼!"

라고 말할 정도로 독특한 외모를 자랑합니다. 하지만 서어나무가 멋진 이유는 근육질의 외모 때문만은 아닙니다.
 서어나무는 숲을 완성하는 마지막 주자라고 할 수 있습니다. 숲이 만들어지는 과정을 생태학에서는 '천이(遷移)'라고 부르는데, 맨 처음에는 풀, 이끼, 작은 관목 같은 작은 식물들이 자라기 시작하죠. 이 식물들은 땅을 덮으며, 흙을 안정시키는 역할을 합니다.

시간이 지나면서 차츰 키 작은 떨기나무들이, 그리고 이어서 참나무, 소나무, 밤나무 같은 큰 나무들이 자라기 시작하죠. 이 나무들은 키가 크고 그늘이 많아서 숲의 환경을 바꾸어 놓습니다. 이 단계에서는 작은 식물들이 점점 사라지고, 대신 큰 나무들이 숲을 지배하게 되죠. 이 나무들은 토양을 더욱 풍부하게 만들고, 다양한 동물들이 살 수 있는 환경을 제공합니다.

마지막 단계에서는 서어나무 같은 나무들이 자라게 되죠. 서어나무가 자리를 잡으면 숲은 더 이상 큰 변화 없이 안정된 상태로 유지되는데, 이 상태를 '극상림'이라고 부릅니다.

서어나무가 숲의 끝에서 자리 잡는 이유는 이 나무가 빛이 적고 환경이 척박한 곳에서도 잘 자랄 수 있기 때문이에요. 참나무나 소나무 같은 나무가 다 자라고 난 뒤, 그 아래 그늘진 땅에서도 꿋꿋하게 뿌리를 내릴 수 있습니다. 그러니 서어나무는 자연이 그리는 예술 작품의 마지막 붓질이라고 표현할 수 있겠죠.

서어나무는 혼자 고독하게 자라는 나무가 아닙니다. 광릉 숲이나 약사산 같은 곳에 가면 서어나무들이 무리를 이루어 자라는 모습을 볼 수 있어요. 이 나무들은 뿌리와 가지로 서로 연결되어, 마치 나무들끼리 서로 손잡고 대화를 나누는 것처럼 보입니다.

서어나무는 수백 년 동안 자라지만, 나이가 들면서 내부가 서서히 썩기 시작합니다. 썩으면 중심부는 텅 비어 공동이 형성되고, 그 속에는 메탄가스가 차오르죠.

나무의 내부가 썩는 과정은 혐기성 조건, 즉 산소가 부족한 환경에서 일어납니다. 이 조건에서 미생물들은 나무의 유기물을 분해하며 메탄가스를 생성하게 되죠. 메탄은 높은 농도에서 폭발성이 있는 가스로, 나무 내부에 고압으로 축적됩니다.

이렇게 메탄가스로 가득 찬 서어나무는 번개나 작은 불씨와 접촉하면 강력한 폭발을 일으킬 수 있습니다. 번개가 나무를 스치거나, 혹은 우연히 떨어진 불씨가 나무에 닿는 순간, 나무 내부의 메탄가스가 점화되는 것이죠.

하지만 걱정하지 않아도 됩니다. 서어나무는 불에 쓰러지는 나무가 아니라, 불이 지나간 숲에서 다시 삶을 틔우는 나무입니다. 비록 서어나무는 불의 열로 종자가 발아하는 종은 아니지만, 산불로 덮였던 그늘이 걷히고 햇빛이 땅으로 스며들면, 그 틈을 타 어린싹이 자라날 수 있는 환경이 열립니다. 서어나무는 특히 강한 맹아력으로 줄기를 되살리는 힘이 탁월한 나무이기 때문이죠.

숲이 잠시 멈추고 흔들리는 동안, 서어나무는 그 침묵의 틈에서 조용히 다시 뿌리를 내립니다. 이렇게 서어나무는 소멸과 회복이 맞물리는 생태의 리듬 속에서, 자연이 스스로를 치유하고 다시 일어서는 방식을 보여 주는 존재라 할 수 있습니다.

서어나무는 곤충들에게도 특별한 존재입니다. 예를 들어, 장수하늘소와 딱정벌레류, 나방류 같은 곤충들이 서어나무에서 살아가며 생태계를 풍요롭게 만들죠. 서어나무가 없다면 많은 곤충들이 살 곳을 잃게 될 거예요.

서어나무는 전 세계적으로 약 35종으로 유럽, 동아시아, 북중미 등 다양한 지역에서 발견되는데요, 공통적으로 단단한 목질을 가지고 있어요. 그래서 목재는 방직 도구, 악기, 운동기구 같은 다양한 곳에서 활용됩니다.

하지만 서어나무는 쉽게 썩기도 해서 내구성이 필요한 곳에는 잘 쓰이지 않습니다. 이 점은 서어나무가 자연으로 쉽게 돌아가기 위한 방식으로도 해석할 수 있어요. 쓰임을 다하면 다시 자연으로 돌아가는 거죠.

사회적 거리와 크라운 샤이니스

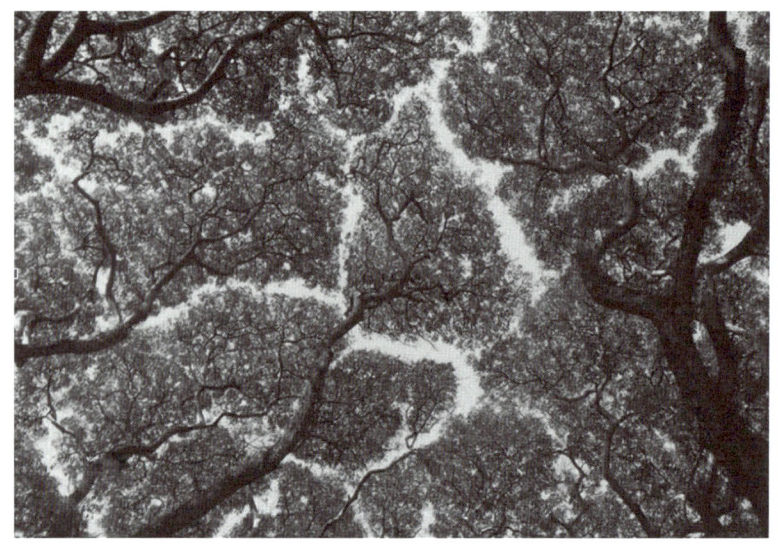

 오늘은 여러분과 함께 침엽수에 대해 이야기 나눠 볼까 합니다.
 먼저 이 사진을 한번 보실까요? 숲에서 자생하는 침엽수림을 찍은 사진인데요, 신기하죠? 나뭇가지와 잎들이 서로 일정한 간격을 유지하고 있습니다. 꼭 꽃밭 같고 종이 퍼즐 같죠?
 저 사진 속 나무의 동그란 머리 부분을 '크라운'이라고 부릅니다.

왕관을 닮았다 해서 붙여진 이름이지요. 그 크라운들이 마치 부끄러워서 서로 스킨십을 하지 않는 것 같다 하여 이 현상을 '크라운 샤이니스(Crown shyness)'라고 부릅니다. 서로 팔을 움츠리는 듯한 모습이 참 독특하고 인상 깊죠?

크라운 샤이니스는 주로 침엽수림에서 뚜렷하게 나타납니다. 이런 현상이 일어나는 이유에 대해서는 아직 정확히 밝혀지진 않았지만, 학자들은 몇 가지 추측을 합니다.

첫째, 나무들이 균이나 바이러스로부터 자신을 보호하려는 것이다. 둘째, 바람이 불 때 가지가 부딪혀 부러지는 걸 방지하기 위함이다. 셋째, 햇빛이 가지 사이로 비치게 해서 아래에 있는 생명들에게 빛을 나눠 주려는 배려 때문이다.

나무들 참 현명하죠? 이유가 무엇이든지, 그 혜택은 나무들에게 고스란히 돌아갑니다. 이런 나무들의 거리 두기를 보면, 우리가 한때 시행했던 '사회적 거리두기'를 떠올리게 됩니다. 우리, '사회적 거리 두기'라는 말 많이 했었죠. 그런데 그 의미가 과연 뭘까요?

자, 저처럼 두 팔을 옆으로 쭉 벌려 보겠습니다. 이렇게 옆 사람과 손끝이 서로 닿을락 말락 한 거리가 바로 사회적 거리 중에서 '공적인 거리'에 속합니다. 이 거리는 기침을 해도 침이 튀지 않고, 서로의 영역을 침범하지 않는 다소 안전한 거리죠.

하지만 우리는 공적인 관계보다, 친한 사이들과 더 많은 생활을

합니다. 그렇다면 친밀한 거리는 어느 정도일까요? 바로 이렇게 한 발자국 다가가서 두 팔이 겹쳐지고, 서로의 어깨를 잡을 수 있을 만큼 가까운 거리입니다.

이 거리에선 기침을 해도 서로 이해할 수 있고, 조금 더 가까우면 어깨동무도 가능한 사이지만, 동시에 감정적인 상처를 주고받을 수 있는 단점도 있습니다. 상처라는 게 대개 가까운 사이에서 오잖아요.

이보다 더 가까운 거리가 있죠? 바로 연인 간의 거리, 가족 간의 거리입니다. 이 두 거리는 같습니다. 서로 마주 볼 수 있죠.
이 거리는 친밀한 거리보다 더욱 깊은 유대감을 느낄 수 있지만, 동시에 가장 큰 상처도 남길 수도 있는 거리입니다. 손을 쓰면 손을 다치고, 가슴을 쓰면 가슴이 다친다는 말이 있잖아요. 서로의 깊은 마음을 나눌 수 있기 때문에 상처를 받아도 깊게 받을 수 있습니다.

그럼에도 우리는 상처를 감수하면서 가족도 이루고, 또 사랑도 하고 싶어 하죠. 그만큼 가족과 사랑은 가치 있는 것이 아닐까, 생각해 봅니다.

이제 다시 숲 이야기로 돌아가 볼까요?

침엽수 중에서도 낙엽송은 크라운 샤이니스를 가장 뚜렷하게 보여주는 나무입니다. 하지만 이 나무들은 단순히 거리 두기만 잘하는 것이 아니라 '사회적 연대'까지도 실천한답니다.

"나무가 사회적 연대를 실천하다니, 이게 무슨 말일까요?"

이 나무는 키가 크지만 뿌리는 얕습니다. 이런 나무들을 천근성 나무라 하는데요, 천근성 나무들은 대개 뿌리를 옆으로 넓게 뻗어서 서로를 맞잡습니다. 그래야 바람이 불어도 흔들리거나 쓰러지지 않죠. 더 놀라운 건, 땅속의 유익한 균을 통해 서로의 양분을 주고받는다는 사실입니다. 나무들 사이에서 이루어지는 이런 자발적 연대, 놀랍죠?

'코로나'라는 단어가 라틴어로 '크라운(왕관)'에서 왔다는 사실을 알고 있었나요? 바이러스의 모양이 왕관을 닮아서 붙여진 이름이죠. 이걸 생각해 보면, 우리는 알게 모르게 나무에게서 이미 배우고 있었던 것 같습니다.

나무들은 수억 년 전부터 자발적으로 거리 두기를 실천해 왔지만, 우리는 2000년대가 되어서야 겨우 그 의미를 깨달았으니까요. 그렇다면, 이제는 나무들에게서 확실히 배워야 하지 않을까요?

낙엽송이 뿌리로 서로를 잡아 주듯, 우리도 마음의 네트워크를 촘촘히 엮어 나가야 합니다. 공적인 관계보다는 친밀한 관계가 더 많아진다면, 우리 사회는 더욱 따뜻하고 조화로운 공동체가 될 거예요. 서로의 약점을 보듬고, 강점을 나누며 함께 성장한다면, 우리는 더 단단하고 아름다운 세상을 만들어 갈 수 있습니다. 함께 손잡고 나아갈 때, 우리는 더 큰 힘을 발휘할 수 있으니까요.

닭의장풀, 소박한 생존 이야기

 닭의장풀, 이름만 들으면 조금 생소할 수 있지만, 들판이나 습지, 길가를 걷다 보면 흔히 마주칠 수 있는 친숙한 식물입니다. 오늘은 닭의장풀의 생김새, 역할, 그리고 무엇보다도 이 식물이 가진 생태적 특징인 폐쇄화에 대한 이야기를 함께 나눠 보려 합니다.

 먼저 이름부터 이야기해 볼까요? 닭의장풀. 참 독특하죠? 이 이름의 유래에는 몇 가지 설이 있습니다. 닭장 근처에서 잘 자라서 붙었다는 설, 꽃이 닭의 볏을 닮아서 붙었다는 설, 심지어 수탉이 홰를 치는 것 같아서 붙었다는 설까지 있습니다.

 뭐가 진짜인지는 모르겠지만, 아무튼 닭과 관련이 많아 보이는 이름이라는 건 확실하죠. 그리고 '달개비'나 '닭의 밑씻개'라고도 부릅니다.

 닭의장풀은 길쭉한 하트형의 잎과 가는 줄기로 이루어져 있습니다. 여름이 되면 아주 영롱하다고밖에 표현할 수 없는 파란 꽃을 피우는데, 그러나 이 아름다운 꽃은 단 하루만 피었다가 스스로 녹아 버립니다. 그래서 '하루살이꽃'이라는 별명도 있죠.

"꽃 하나 피우려고 오래 준비했을 텐데 하루 만에 끝나다니!"

하고 놀라겠지만, 자연은 원래 그런 겁니다. 짧지만 강렬하게 살다 가는 삶, 어쩌면 우리도 배울 점이 있을지도 몰라요.
닭의장풀은 정말 대단한 생명력을 자랑하는 식물입니다. 줄기를 대충 잘라도,

'괜찮아, 여기서 다시 시작하면 돼!'

하며, 잘린 조각마다 새로 자라나니 금세 두 배로 늘어납니다. 제초를 하려면 뿌리째 뽑아 땡볕에 널어 말리는 수밖에 없지만, 그마저도 쉽지 않죠.
그 강력한 번식력을 보고 있으면 마치 "나 잡아 봐라!" 하고 도발하는 것 같기도 하죠. 아무리 없애려 해도 지칠 때쯤엔 결국 "그래, 그냥 같이 살자!" 하고 체념하게 만드는 고집스러운 식물입니다.
하지만 닭의장풀은 끈질기기만 한 식물이 아닙니다. 오염된 물과 토양을 정화하는 탁월한 능력을 지니고 있어 생태계의 건강을 지키는 데 중요한 역할을 합니다. 이렇게 보면 닭의장풀은 번식력 강한 말썽쟁이기도 하지만, 사실 생태계를 지키는 중요한 존재라고 할 수 있지 않을까요?

닭의장풀에서 가장 놀라운 점은 바로 '폐쇄화'라는 생존 전략입니

다. 이 폐쇄화란, 꽃이 피지도 않은 채 내부에서 자가수분을 하는 현상인데요, 이를 두고 자연의 독립 선언이라고 부를 만합니다.

대부분의 꽃은 곤충을 유혹하거나 바람을 통해 수분을 이루죠. 꿀을 제공하고 벌과 나비를 불러들여 자손을 퍼뜨리는 게 일반적인 방식입니다. 하지만 닭의장풀은 다릅니다. 이 식물은,

"나 혼자서도 충분해!"

라고 선언하며, 외부 도움 없이도 번식의 과정을 완벽히 해냅니다.

폐쇄화는 특히 척박한 환경에서 그 진가를 드러냅니다. 주변에 곤충이 없거나 바람이 제대로 불지 않는 조건에서 다른 식물들이 수분 파트너를 찾지 못해 고민할 때, 닭의장풀은 이미 스스로 생명을 잇고 있는 셈이죠.

이 전략의 장점은 명확합니다. 외부 환경에 크게 의존하지 않으니 번식의 안정성이 높아지고, 예측 불가능한 자연의 변수 속에서도 자손을 남길 수 있습니다. 특히 곤충이 적거나 날씨가 좋지 않은 환경에서 이 전략은 생존의 핵심입니다.

과학 시간에 닭의장풀이 자주 등장한다는 얘기, 들어 보셨나요? 기공세포를 관찰하기에 딱 좋은 재료라서 생물학 실험에서 많이 활용되곤 합니다. 닭의장풀의 얇은 잎 표피를 떼어 내 현미경으로 들여다보면 기공과 공변세포를 아주 선명하게 볼 수 있죠.

공변세포는 식물의 잎과 줄기 표면에 있는 작은 문지기입니다. 이

문지기는 기공이라는 작은 문을 열고 닫는 역할을 해요.

문이 열리면, 공기 중의 이산화탄소가 들어오고, 광합성으로 만들어진 산소는 밖으로 나가요. 그런데 문이 열리면 식물이 가지고 있는 수분도 수증기가 되어 빠져나가 버려요. 그래서 식물은 뿌리에서 물을 끌어올려 이를 보충해야 하죠.

반대로, 문을 닫으면 물이 빠져나가지 않아서 좋지만, 이산화탄소도 들어오지 못해서 식물이 밥을 못 만들게 돼요. 그래서 공변세포는 문을 열고 닫으면서 밥 만들기와 물 지키기를 잘 조절하는 것이죠. 닭의장풀은 이러한 공변세포와 기공의 구조를 관찰하기에 최적의 식물이라 과학 시간의 단골 주인공이 되곤 합니다.

작은 식물 하나에도 이토록 정교하고 섬세한 생존 전략이 담겨 있다는 사실에서, 우리는 자연의 놀라운 지혜와 아름다움을 다시 한번 깨닫게 됩니다.

생강나무 향은 두 손으로 받으세요

생강이라고 하면 주방에서 자주 쓰이는 식재료로 익숙한 향과 맛이 떠오르기 쉽습니다. 하지만 생강나무는 우리가 아는 생강과는 전혀 다른 식물입니다. 나무껍질과 잎에서 풍기는 은은하고 알싸한 향이 생강을 떠올리게 해 붙여진 이름이죠. 이러한 소박하면서도 특별한 매력 덕분에 생강나무는 자연이 준 작은 선물로 많은 사랑을 받고 있습니다.

혹시 아시나요? 향기가 좋은 것들은 만질 때는 두 손을 사용해야 한다는 것! 예를 들어, 모과나 탱자를 받을 때 한 손이 아닌 두 손으로 받으라고 하는데, 이는 한 손으로 받으면 향기가 한쪽에만 배기 때문이죠.

생강나무도 마찬가지입니다. 잎사귀나 줄기를 만질 일이 있다면 두 손으로 잎을 살짝 비벼 보세요. 그러면 이 나무가 지닌 알싸하면서도 은은한 향을 더 많이 더 오래 느낄 수 있을 겁니다.

생강나무는 우리나라 산과 들에서 흔히 볼 수 있는 나무로, 봄에 가장 먼저 노란 꽃을 피웁니다. 이 꽃은 햇빛을 받으면 황금빛으로 반짝입니다. 마치 봄산에 금빛 가루가 뿌려진 듯한 아름다운 풍경을 선사하죠.

생강나무 꽃은 산수유꽃과 닮아 헷갈리기 쉽습니다. 한마디로 '누가 누군지 맞혀 보세요!' 퀴즈를 출제하는 녀석들이죠. 하지만 이 둘을 구분하는 방법은 생각보다 간단합니다. 산수유꽃은 꽃자루가 길어 조금 더 화려한 느낌을 주는 반면, 생강나무 꽃은 더 수수하고 단정한 인상을 줍니다.

그런데 생강나무의 잎은 정말 독특합니다. 하트 모양, 산(山) 모양, 둥근 모양까지 다양하죠. 마치,

"오늘은 어떤 스타일로 나가 볼까?"

고민하는 패셔니스트 같아요. 하지만 이건 단순한 변신이 아니라, 아래쪽 잎들까지 햇빛을 골고루 받을 수 있도록 자연이 설계한 섬세한 전략입니다. 말 그대로 잎들의 완벽한 팀워크라고 할 수 있겠네요.

생강나무 꽃은 이른 봄, 차가운 날씨 속에서 꿀벌들에게 소중한 먹이를 제공합니다. 먹을 것이 부족한 계절에 꿀벌들이 생강나무 주위를 바쁘게 날아다니는 모습은 마치 자연이 그린 따뜻한 봄의 풍경 같습니다.

생강나무에는 또 다른 별명이 있습니다. 바로 '동백나무'인데요,

여기서 재미있는 문화적 오해가 생깁니다.

김유정의 소설 『동백꽃』에 나오는 동백꽃이 흔히 생각하는 붉고 윤기 나는 동백나무의 꽃이 아니라, 사실 생강나무 꽃이라는 설이 유력합니다. 소설 속 동백꽃은 붉은 꽃이 아니라 노란 꽃으로 묘사되며, 모양도 생강나무 꽃과 더 닮아 있죠.

『동백꽃』에서 남녀 주인공의 풋풋하고 서투른 감정은 생강꽃이 핀 봄의 배경과 어우러져 더욱 생생하게 표현됩니다. 이 노란 꽃이 소설 속 따뜻하고도 소박한 분위기와 절묘하게 어울립니다. 특히 생강나무에서 짜낸 기름이 과거 등잔불의 연료로 사용되었다는 점은, 소설 속 농촌 생활의 풍경과도 잘 들어맞습니다. 그 등잔불이 주인공들의 풋풋한 사랑을 밝히는 조명처럼 느껴지지 않나요?

기름을 짤 수 있는 나무 열매에는 '동백'이라는 이름이 자주 붙여졌습니다. 예를 들어 쪽동백도 동백나무처럼 열매에서 기름을 짜내 호롱불이나 머릿기름으로 사용되었습니다. 피마자로 알려진 아주까리 역시 동백으로 불렸죠.

'아주까리 동백꽃이 제아무리 고와도—'

라는 노래 다들 아시죠? 이렇듯 피마자의 씨앗 또한 기름을 짜내 등잔의 연료로 쓰였는데, 이러한 전통은 우리의 생활 속에서 자연을 어떻게 활용해 왔는지를 잘 나타냅니다.

생강나무와 동백나무를 둘러싼 이러한 오해는 우리 문화와 문학 속에서 자연이 어떻게 스며들어 있는지를 보여 주는 사례입니다.

 현대에는 그 알싸하고 은은한 향 덕분에 아로마 테라피와 화장품 원료로도 주목받고 있습니다. 생강나무에서 추출한 오일은 스트레스 해소와 정신적 안정을 돕는 효과로 유명합니다. 또한, 피부 진정과 항염 작용이 뛰어나 화장품 원료로도 각광받고 있습니다. 특히 민감성 피부를 위한 제품이나 천연 향수를 만드는 데 많이 사용되죠.

 생강나무는 겉보기에는 평범한 나무로 보일지 모르지만, 이렇게 그 톡 쏘는 향기처럼 자신만의 독특한 방식으로 세상에 흔적을 남기고 있습니다. 그 은은한 향기와 노란 꽃은 우리에게 봄의 따스함과 생명의 소중함을 일깨워 주죠.

 이제 봄이 오면 생강나무를 찾아 그 향기를 두 손으로 받아 보세요. 자연이 주는 작은 선물을 온전히 느낄 수 있을 것입니다.

팽나무, 놀이부터 신목까지

팽나무라는 이름을 들으면 뭔가 독특하고 특별한 느낌이 듭니다. 팽팽한 긴장감이 느껴질 것 같기도 하고, 무언가 생기 넘치게 튀어 나갈 것만 같은 느낌이죠. 이 이름에는 재미난 이야기가 담겨 있습니다.

옛날, 아이들의 장난감이 지금처럼 많지 않았던 시절, 초여름에 팽나무 열매는 최고의 놀이 도구였습니다. 작고 동그란 열매를 대나무 대롱에 넣고 대나무 피스톤으로 꾹 눌러 쏘면, 열매가 "팽!" 하는 소리를 내며 멀리 날아갔습니다. 이 '팽총' 놀이에서 팽나무 이름이 유래되었다는 설이 있죠.

하지만 한편으로는 놀이보다 나무의 이름이 먼저 생겼을 가능성도 있기에, 이 역시 추측 중 하나일 뿐입니다. 팽나무라는 이름은 그 자체로 사람들에게 즐거운 상상을 불러일으키며, 여전히 독특한 매력을 간직하고 있습니다.

팽나무는 마을의 당산나무로서, 그 아래에서는 제사를 지내고 마을의 안녕을 기원하며 중요한 일을 논의했습니다. 팽나무는 그 자체로 커다란 우산처럼 마을 공동체를 품어 주었죠.

중국에서는 팽나무를 '박수(朴樹)'라고 불렀습니다. 재미있게도, 이 이름은 우리나라의 '박수무당'이라는 단어의 시작이 되었어요. 원래 '朴' 자는 '木(나무 목)' 자와 '卜(점 복)' 자가 결합한 모습입니다. 나무 옆에서 점을 친다는 뜻이죠.

예전에는 팽나무가 신성한 나무로 여겨졌는데, 사람들이 이 나무 아래에서 남자 무당, 즉 박수무당들이 춤을 추며 굿을 했다고 해요. 이 굿은 신과 사람을 이어 주는 특별한 의식이었어요.

경남 고성 지방에서는 팽나무를 '금목신(金木神)'이라 부르며 신성한 나무로 여겼습니다. 임진왜란 당시, 마을 앞바다에 정박했던 배들이 이 팽나무에 치성을 드린 후 전장에 나가 승리했다는 이야기가 전해집니다. 이러한 전설로 인해 이 팽나무는 마을의 수호신으로 추앙받게 되었습니다. 전쟁이라는 절박한 상황에서 사람들의 간절한 마음이 이 나무에 의지하게 만들었는지도 모릅니다.

'싸움에서 이기는 나무'

팽나무가 이 같은 별칭으로 불렸다고 하니, 그 겉모습의 온순함과는 달리 속에 강렬한 승부사 기질이 숨어 있는 듯한 매력이 느껴지기도 합니다.

팽나무는 또한 생태계의 스타 같은 존재입니다. 수많은 나비들이 이 나무의 열렬한 팬이기 때문이죠. 홍점알락나비, 왕오색나비, 수

노랑나비 같은 화려한 나비들이 팽나무 주변에서 날아다니며 아름다운 춤을 선보입니다. 그래서 팽나무는 '나비나무'라는 별명도 얻었습니다. 웅장한 나무인 동시에 나비들의 어린이집 역할도 톡톡히 하고 있는 셈입니다.

팽나무는 그 튼튼한 줄기와 매끄러운 껍질로도 유명합니다. 수백 년을 묵어도 껍질이 갈라지지 않고 매끄럽게 남아 있는 모습은 다른 나무와는 확연히 구별됩니다. 목재는 가볍고 단단하며 잘 갈라지지 않아 가구나 집을 짓는 데 적합했고, 나무껍질은 한의학에서 약재로 사용되었습니다.

이 나무는 농업에서도 중요한 역할을 했습니다. 잎이 기후에 민감해 농사의 길흉을 점치는 데 쓰였죠. 잎이 일제히 피거나 윗부분부터 싹이 나면 풍년, 반대 현상이 보이면 흉년이 예상되었습니다. 팽나무가 마을의 기상 캐스터 역할을 한 셈입니다.

팽나무는 그 자리에 조용히 서 있는 것 같아도, 새들에게는 보금자리, 나비들에게는 놀이터, 사람들에게는 쉼터를 제공합니다. 아이들의 장난감이 되기도 하고, 마을의 역사가 되기도 하며, 동물들의 생명을 이어 주는 나무이기도 합니다.

그래서일까요? 팽나무가 있는 마을은 어딘가 더 느긋하고, 더 오래된 시간을 간직한 듯한 풍경을 자아냅니다. 그늘 아래 앉아 있으면, 나무가 들려주는 오래된 이야기들이 바람결에 실려 오는 듯하죠.

염료와 신비의 풀, 꼭두서니

　우리가 흔히 잡초라 부르는 풀 중에 어디서나 스스로 존재감을 과시하는 식물이 하나 있어요. 밭고랑이나 숲 가장자리에서 뻐꾸기 노랫소리를 들으며 고요히 자리 잡은 이 풀의 이름은 꼭두서니입니다. 이름은 어디선가 들어 보셨죠? 가끔 '꼭두선이'로 표기되기도 하지만 꼭두서니가 맞습니다.

　이름부터 독특한 이 풀, 줄기를 살펴보면 모가 나 있고, 아래로 뻗은 가시가 있어 손에 잡으면 까슬까슬한 느낌이 들죠. 그런데 손끝에 닿는 감촉은 의외로 부드럽습니다. 가시가 있으면서도 부드럽다니, 자연의 이중성이 참 놀랍습니다.

　꼭두서니의 줄기가 네모난 이유도 독특합니다. 이는 원시 식물의 습성을 여전히 간직하고 있기 때문인데, 원시 식물 중에는 모가 난 줄기를 가진 것들이 더러 있었다고 해요. 미선나무나 배롱나무 역시 새로 난 줄기는 네모나다가 점차 둥글게 바뀝니다.

　식물이 잔뜩 뒤엉켜 있는 곳에서도 꼭두서니는 쉽게 눈에 띕니다. 다른 풀보다 가장 높은 곳에 혼자 뻐죽하니 키를 세우고 있는 싹이 바로 꼭두서니거든요.

꼭두서니의 '꼭두'라는 단어는 꼭대기, 꼭두새벽, 꼭두각시처럼 맨 처음이나 가장 높은 곳을 연상시킵니다. 톡 튀어나온 부분, '꼭지'도 역시 같은 맥락에서 유래된 단어죠. 이 이름의 뿌리를 깊이 들여다보면 더 많은 이야기가 숨어 있습니다.

꼭두서니의 이름은 옛말 '꼭두색'에서 비롯되었습니다. 꼭두색은 붉은빛을 뜻하는 말로, 꼭두서니의 뿌리가 붉은 염료로 사용되었던 데서 유래했죠.

그 역사는 무려 5,000년 전으로 거슬러 올라갑니다. 이집트 투탕카멘의 무덤에서 발견된 붉은 리넨 천이나 북유럽 묘지에서 발견된 양모에도 꼭두서니의 흔적이 남아 있을 정도로, 꼭두서니는 고대부터 세계 곳곳에서 사랑받아 왔습니다.

인도에서는 꼭두서니로 염색한 천이 저녁노을처럼 깊고 아름다운 빛을 띠어 특히 인기였다고 합니다. 고대 이집트인들은 양에게 꼭두서니를 먹여 양털을 붉게 물들였다는 이야기도 있습니다. 다만, 양이 꼭두서니를 먹는 것만으로 털이 붉게 염색된다는 이야기는 사실 여부가 의문스럽기도 하지만, 고대인들이 꼭두서니를 얼마나 창의적으로 활용했는지를 보여 줍니다.

아일랜드에서는 여성들이 꼭두서니 뿌리로 손톱을 염색해 아름다운 장밋빛을 자랑했다고 해요. 마치 우리나라에서 봉숭아로 손톱에 물들이는 것처럼요. 그렇게 고대 패션의 선두주자라니, 꼭두서니의 매력이 새삼 놀랍죠?

우리나라에서도 '꼭두'라는 단어는 익숙합니다. 옛날 유랑극단 남사당패의 우두머리를 '꼭두쇠'라 불렀고, 그들의 상징인 붉은 천은 꼭두서니 염료로 물들인 것이었다고 합니다.

그런데 꼭두서니라는 이름은 때로는 부정적으로 쓰이기도 했습니다. '꼭두각시'처럼요. 원래 꼭두각시는 상여 앞에 세우는 나무 인형을 뜻했지만, 시간이 지나면서 '남이 조종하는 인형'이라는 부정적인 의미로 변질되었습니다. 이때의 '꼭두'는 허깨비 같은 의미로, 앞서 말한 '꼭두'와는 다른 뉘앙스를 가지고 있죠.

마지막으로 '꼭두닭'이라는 말도 있습니다. 꼭두닭은 이른 새벽 첫 울음을 터뜨리는 수탉을 가리킵니다. 어둠 속에서 새로운 하루를 알리는 울음소리, 듣기만 해도 희망적이고 설레는 소리죠.

자연이 품은 아름다움과 그 속에 담긴 이야기가 우리의 하루를 조금 더 풍요롭게 만들어 주길 기대하며, 오늘 꼭두서니 이야기가 여러분 마음속에도 살짝 붉은빛을 물들였길 바랍니다.

봄을 알리는 전령사, 꽃다지와 냉이

　봄날 풀밭을 둘러보면 가장 먼저 눈에 띄는 녀석들이 있습니다. 바로 꽃다지와 냉이입니다. 흔히 잡초라는 이름표를 달고 있지만, 사실 이 두 친구는 자연계에서 생명력의 아이콘이라 불릴 만큼 강인한 존재들입니다. 오늘은 이 둘을 비교하며 살펴보는 시간을 가져볼까 합니다.

　두 식물 모두 십자화과(Brassicaceae)에 속하지만, 꽃다지는 꽃다지속(Draba), 냉이는 냉이속(Capsella)에 속해 서로 다른 속으로 분류됩니다. 따라서 계통적으로도 상당한 차이를 보이며, 직접적인 근연 관계는 없습니다.

　꽃다지라는 이름은 작은 꽃들이 다닥다닥 모여 피는 모습에서 유래되었습니다. 이 작은 식물은 무리 지어 피어나며, 작은 몸집에도 불구하고 강렬한 존재감을 뽐냅니다. 꽃다지는 봄을 알리는 대표적인 꽃 중 하나로, 예로부터 농촌에서는 꽃다지가 피면 본격적인 농사 준비에 들어갔다고 합니다.

　또한, 꽃다지의 노란 꽃은 벌과 나비에게 중요한 꿀원이 되어 줍니다. 초봄에 피어나는 꽃다지는 다른 꽃들이 아직 피지 않은 시기에 곤충들에게 첫 번째 먹이를 제공하는 역할을 합니다. 작은 꽃이지만 자연에 끼치는 그 영향력은 결코 작지 않죠.

꽃다지는 냉이와는 다르게 살짝 맵고 쓴맛이 납니다. 겉보기엔 순둥이처럼 보이는 이 작은 식물이 자기를 우습게 보지 말라는 것 같죠. 게다가 그 매운맛이 상큼하기까지 하니, 더 매력적이지 않을 수 없습니다.

꽃다지와 냉이는 같은 공간에서 자주 얼굴을 마주치며 자리다툼을 벌이는 동네 라이벌 같은 관계입니다. 누가 더 잘 자라나 경쟁하면서도, 묘하게 서로의 공간을 나누며 공존하죠.

꽃다지 입장에서 의외로 고마운 존재가 있습니다. 바로 나물 캐는 사람들이죠. 냉이는 나물로 인기가 있어 사람들이 열심히 캐 가지만, 꽃다지는 대부분 그냥 지나칩니다. 나물 캐는 사람들을 보며 꽃다지는 속으로 이렇게 생각할지도 모르겠네요.

"고맙습니다. 오늘도 제가 꽃 피울 수 있게 남겨 주셔서.
냉이야, 너 혼자 고생해!"

냉이는 봄철 대표 나물로 우리 식탁을 풍성하게 만들어 주는 귀한 존재죠. 오랜 세월 동안 사람들에게 땅에서 난 보물이라 불렸던 냉이는 특히 냉잇국으로 고향의 맛을 떠올리게 합니다.

냉이는 들판, 논둑, 밭에서 야생으로 자라기도 하고, 밭이나 하우스에서 재배되기도 합니다. 잎과 줄기, 뿌리까지 모두 먹을 수 있어 봄철 무침, 국, 전 등 다양한 요리로 활용되죠. 유럽에서는 어린 냉이 잎을 샐러드로 먹거나 허브로 사용하기도 하지만, 주로 간의 해독 등, 약용으로 쓰인다고 합니다.

  냉이는 겨울철 잃었던 입맛을 돋우는 것은 물론이고, 단백질과 비타민(A · B · C), 무기질(칼슘 · 칼륨 · 인 · 철 등)이 풍부해 피로 회복과 지혈에 도움을 줍니다. 특히 봄 채소 중 단백질 함량이 가장 높다고 알려져 있어, 건강을 생각하는 이들에게 더없이 좋은 식재료이죠.

  겨울이 추울수록 뿌리에서 나는 특유의 향이 강해지는 것도 냉이의 매력적인 특징입니다.

  봄날 풀밭에서 이 두 친구는 대부분 함께 자랍니다. 꽃다지가 노란색 꽃을 피우며 활발하고 대중적인 모습을 보인다면, 냉이는 흰색 꽃으로 차분하고 고독을 즐길 줄 아는 타입입니다.

  그런데 재미있는 점은, 냉이꽃이 꽃다지 주위에서 피어나면 꽃다지가 자신을 감추는 듯 시야에서 슬그머니 사라진다는 것입니다. 냉이 캐는 사람이 많다면 그 반대이겠지만 말입니다.

  이 현상은 생태적 · 환경적 이유에서 비롯됩니다. 냉이와 꽃다지는 비슷한 서식처를 선호하지만, 냉이가 키가 조금 더 크고 흰색 꽃으로 더 시각적인 주목을 받기 때문에, 꽃다지는 상대적으로 덜 눈에 띄게 됩니다.

또한 냉이는 나물로서의 높은 활용도로 사람들의 채집 대상이 되는 반면, 꽃다지는 그 옆에서 수줍게 남아 있는 듯한 모습을 연출하곤 합니다. 그러다 보니 상대적으로 꽃다지보다 냉이가 사람들 눈에 더 잘 띄게 됩니다.

냉이와 꽃다지는 겨울을 이겨 내고 봄을 맞이하기 위해 특별한 생존 전략을 가지고 있습니다. 둘은 가을에 이미 싹을 틔우고 겨울 동안 로제트 형태로 몸을 낮춰 추위를 견딥니다.

로제트(rosette)는 프랑스어로 '장미꽃'이라는 뜻입니다. 이는 잎이 장미꽃처럼 땅바닥에 원형으로 펼쳐진 모습을 말하죠. 이 형태는 식물이 추위와 바람을 견디는 데 큰 도움을 줍니다. 줄기를 낮게 유지해 추위를 피하고, 겨울철 약한 햇빛을 효과적으로 흡수할 수 있도록 도와주죠. 또한, 키가 낮아 눈과 얼음의 무게를 견디기에도 유리한 구조입니다.

겨울을 나는 로제트 식물을 자세히 관찰하면, 잎 표면에 아주 작은 솜털이 나 있는 것을 발견할 수 있습니다. 이 솜털은 서리나 눈이 직접 잎에 닿는 것을 막기 위한 생존 전략이에요. 솜털 사이에 공기층을 형성해 단열 효과를 얻으려는 자연의 지혜인 셈이죠. 마치 식물이 내복을 껴입고 있는 것처럼 말이에요.

이렇게 로제트 식물은 추운 겨울을 견디기 위해 다양한 전략을 사용합니다. 자연이 만들어낸 이 작은 디테일들은 식물의 생존을 위한 놀라운 설계라고 할 수 있죠.

냉이는 이런 로제트 상태로 겨울을 지나고, 이른 봄, 키 큰 풀들이 자라기 전에 재빨리 꽃을 피우고 씨앗을 맺습니다. 작은 키로 햇빛과 양분을 놓고 경쟁해야 하는 냉이에게, 이 절박한 생존 전략은 필수적이라 할 수 있죠.

꽃다지 역시 마찬가지입니다. 추운 겨울을 버텨 내고 이른 봄, 다른 식물들이 아직 움트지 않은 시기에 땅을 점령합니다. 꽃을 피우며 끊임없이 씨앗을 맺는 꽃다지의 모습은 참을성 있고 부지런한 생명력을 보여 줍니다.

특히 꽃샘추위는 이 두 친구가 겪어 내는 가장 혹독한 시험입니다. 따뜻한 봄날을 기대하며 피어난 꽃들이 갑작스러운 추위를 견뎌야 할 때, 꽃다지와 냉이는 그 강인함을 유감없이 발휘합니다. 땅에 가까운 키로 바람을 피하고, 로제트 구조로 추위를 견뎌 냅니다. 이처럼 그들은 역경 속에서도 끊임없이 생명을 이어 가는 존재입니다.

우리는 종종 작고 흔한 것들에 무관심해지곤 하지만, 이 작은 풀들도 우리 삶에 소중한 가치를 가지고 있다는 것을 잊지 말아야 하겠습니다. 꽃샘추위 속에서도 봄을 준비하는 이 작은 친구들에게서 우리는 강인한 생명력을 배우게 됩니다.

작지만 큰 고마움, 고마리

늦여름 들녘, 논밭 사이를 구불구불 흐르는 물길을 자세히 들여다 보면 고마리가 자라는 모습을 발견할 수 있습니다. 고마리는 우리 농촌 곳곳의 고랑, 도랑, 개울에서 흔히 볼 수 있는 작은 식물입니다. 그러나 이 작은 풀이 농촌 풍경의 일부뿐 아니라 우리 역사와 생태계에서 중요한 역할을 해 오고 있습니다.

가만히 들여다보면 쌀알만 한 꽃송이들이 다닥다닥 모여 한 송이를 이루고, 봉오리 끝에는 분홍빛 루주를 바른 듯 수줍게 피어 있죠. 마치 작은 요정들이 수로가 끝나는 곳에서,

'반가워!'

하고 손을 흔드는 것 같달까요? 그런데 여러분, 이 고마리꽃. 그냥 예쁜 잡초라고 치부하기엔 너무나 대단한 친구입니다. 오늘은 이 고마리에 대한 이야기를 풀어 볼까 합니다.

먼저, 이름 얘기부터 해 볼까요? 고마리? '고맙다'에서 왔다고들 합니다. 듣기만 해도 흐뭇하죠? 그런데 다른 설도 있습니다. 번식

력이 너무 강해서 붙은 이름이라는 말도 있죠. '이제 고만!'이라는 의미에서 왔다나요? 이건 고마리가 들으면 서운할 법도 합니다.

저는 첫 번째 설, '고맙다'에서 유래했다는 쪽에 한 표 던지고 싶습니다. 워낙 자연환경에 유용한 식물이니까요. 참고로 일본에서는 고마리의 잎 모양이 소의 머리와 닮았다 해서 '우액(牛顎)'이라는 이름으로 불리기도 한답니다. 자세히 들여다보면 소의 머리와 비슷한 형태이긴 한데, 조금 억지스럽게 느껴질 수도 있겠죠?

고마리는 그저 잡초로 치부하기엔 억울한 식물입니다. 고마리는 수질 정화에 탁월한 능력을 가진 자연의 작은 정화 장치입니다. 고마리가 무성하게 자라난 물길을 보셨다면, 그건 물이 깨끗해지고 있다는 신호일 수도 있습니다. 고마리는 질소와 인산이 많은 부영양화된 물에서도 잘 자라며, 오염물질을 흡수해 물을 정화하는 데 기여합니다.

고마리가 가진 여러 특성 중 하나는 '폐쇄화'라는 독특한 번식 방식입니다. 보통의 꽃은 곤충이나 바람을 통해 수분을 하지만, 고마리는 그와 다른 길을 걷습니다. 폐쇄화란 꽃이 열리지 않은 상태에서 스스로 꽃가루받이를 마치고 씨앗을 만들어 내는 방식입니다.

환경이 아무리 열악하더라도 고마리는 이 방식으로 자손을 남깁니다. 큰비로 도랑이 토사에 덮이거나 다른 식물들이 모두 쓸려 나가더라도, 고마리는 땅속에서 폐쇄화로 씨앗을 만들어 조용히 생명을 이어 가죠. 씨앗은 적절한 조건이 되면 발아해 다시 도랑을 푸르게 덮습니다.

폐쇄화로 만들어진 씨앗은 눈에 보이지 않는 곳에서 작은 생명력을 품고 기다립니다. 고마리가 도랑과 물길을 푸르게 만드는 데에는 이런 고유의 번식 전략이 숨어 있는 겁니다. 조용하고 은밀하지만, 확실하고 강인한 방식이죠.

고마리꽃을 보며 잠깐 이런 생각이 들었어요.

"이거 웨딩 부케 아니야?"

작은 꽃들이 모여 빛나는 흰색, 분홍빛, 빨간빛의 조합은 마치 자연이 만든 예술 작품 같거든요. 너무 예뻐서, 다시 결혼한다면 신부에게 고마리꽃 부케를 들게 하고 싶을 정도예요.

복효근 시인의 「상처에 대하여」라는 시에도 고마리가 등장합니다. 시에서는 초여름 고마리를 통통하게 여문 여드름에 비유했는데, 그보다 더 적절한 표현이 있을까 싶어요. 혹시 아들 이마에 여드름이 났다면 한번 유심히 살펴보세요. 어쩌면 고마리꽃을 떠올리게 할지도 몰라요.

고마리는 과거 구황식물로 재배되었고, 나물로 먹거나 차로 마시기도 했다고 합니다. 항산화 작용도 뛰어나다니, 이거 그냥 잡초가 아닙니다. 요즘 건강식품 열풍이잖아요? 고마리차 같은 것도 한 번쯤 유행해도 괜찮을 것 같지 않나요? 오늘도 건강하게,

"고마리 한잔하세요!"

같은 슬로건으로요.

고마리는 언제나 물길 가까이에 조용히 자리 잡고 있습니다. 아무도 눈여겨보지 않아도 스스로 꽃을 피우고, 뿌리를 내리고, 제 할 일을 합니다. 수로와 도랑을 따라 번져 있는 이 작은 식물은 마치 거기에 원래부터 있어야 했던 것처럼 자연스럽습니다. 그 모습이 특별하거나 눈에 띄지는 않지만, 그렇게 있는 그대로 존재하는 것이 이상하게 마음을 편안하게 만듭니다.

봄을 여는 벨벳 코트, 목련

어느 날, 목련이 세상에게 말을 걸었습니다.

"나를 그저 예쁜 꽃일 뿐이라고 생각했니?
나를 몰라도 한참 모르는구나!"

그리고 이야기는 시작되었습니다.

목련의 기원은 공룡 시대까지 거슬러 올라갈 만큼 매우 오래되었습니다. 그 시절에는 지금과 달리 벌이나 나비 같은 곤충이 없었기 때문에, 바퀴벌레나 딱정벌레와 같은 원시 곤충들이 목련의 수분을 도왔다고 합니다. 이처럼 목련은 지구의 오랜 역사를 간직한 생존자이자, 자연의 변화를 증언하는 살아 있는 화석과도 같은 존재입니다.

한국에서 목련은 봄의 공식 대변인 같은 특별한 존재입니다. 목련이 피기 시작하면 사람들은 마치 기다렸다는 듯이,

"드디어 봄이 왔구나!"

하고 환호하죠. 매년 가장 먼저 무대에 올라 봄의 시작을 알리는 목련은, 마치 봄의 개막을 알리는 주연 배우 같습니다. 그 우아한 흰색과 연자주색 꽃잎은 마치 자연이 고급스럽게 디자인한 봄의 초대장 같죠.

한국 문학과 예술에서도 목련은 중요한 역할을 해 왔습니다. 대표적인 예로, 유명 시인 박목월의 「4월의 노래」라는 시가 있습니다.

"목련꽃 그늘 아래서 베르테르의 편질 읽노라"

참 로맨틱하죠? 가곡으로도 작곡된 이 시는 목련의 고요하고 우아한 모습을 시적 언어로 표현하며, 목련이 한국 사람들에게 얼마나 깊은 울림을 주는지를 보여 줍니다.

또한 〈목련화〉라는 노래는 그야말로 세대를 초월한 히트곡입니다. 누가 먼저랄 것도 없이 목련을 보면 저절로,

'오오, 내 사랑 목련화야~'

를 흥얼거리는 분들이 많습니다. 이 노래는 목련을 통해 사랑, 순수함, 그리고 그리움 같은 감정을 노래하며, 듣는 이들의 마음을 따뜻하게 감싸 줍니다.

목련은 꽃잎 하나로도 사람들에게 놀라움을 선사합니다. 목련꽃의 꽃잎을 따서 끝부분을 부드럽게 주무른 후 천천히 불어 보면, 꽃

잎이 풍선처럼 부풀어 오릅니다. 고무풍선이 아니라 향기로운 꽃풍선이라니, 얼마나 멋진가요?

  부는 방법은 간단합니다. 꽃받침 부분에 달렸던 쪽을 1㎝쯤 잘라 내어 좌우로 마찰을 일으키듯 살살 문지르면 꽃잎이 두 겹으로 벌어집니다. 그러면 그곳에 천천히 입김을 불어 넣으면 꽃잎이 풍선처럼 부풀어 오릅니다. 하지만 초보자는 잘 불어지지 않으니 인내를 가지고 연습을 해야 합니다.

  목련은 '북향화'라고도 불리는데요, 이는 꽃이 북쪽을 향해 피는 것처럼 보이기 때문입니다. 사실 목련의 꽃은 씨방 쪽이 따뜻한 남쪽을 향하는 특징을 가지고 있어서 결과적으로 꽃잎이 북쪽을 바라보는 것처럼 보이는 것이지, 모든 꽃송이가 북쪽을 향하는 것은 아닙니다.

  겨울을 견디는 목련의 모습도 특별합니다. 목련은 마치 벨벳 코트를 입은 것처럼 보송보송한 털이 덮인 꽃봉오리를 품고 추운 계절을 버팁니다. 봄이 오면 코트를 한 장 한 장 벗어 던지고, 가장 우아한 드레스를 입은 듯 화려한 꽃을 활짝 피워 냅니다.

  목련나무 아래에서 멈춰 서면, 꽃마다 마치 백열전구를 켜 놓은 듯 환하게 빛나는 광경에 마음이 설렙니다. 밤에는 달빛에 반사된 목련이 더 은은하게 빛나서, 괜히 그 아래에서 낭만에 젖어 보고 싶어집니다.

  유럽에서도 목련은 우아함을 자랑했습니다. 중세 프랑스의 귀족

들은 정원에 목련을 심으며,

'우리 집에 목련이 있다는 건, 우리가 얼마나 품격 있는 가문인지를 보여 주는 거야!'

라고 자랑했습니다. 프랑스에서의 목련은 귀족들의 삶에 품격과 우아함을 더해 주는 상징이었습니다.

대서양을 건너 미국에 도착한 목련은 또 다른 사랑을 받습니다. 특히 남부 지방에서는 목련이 남부 특유의 따뜻함과 우아함을 상징하는 꽃으로 자리 잡았습니다. 남미 사람들은,

'목련은 남부의 자존심!'

이라며 목련을 사랑했습니다. 지금도 미국 남부에서는 목련나무가 있는 풍경이 고즈넉한 남부의 매력을 그대로 드러냅니다.

그런데 목련도 고충이 있습니다. 꽃이 너무 빨리 떨어진다는 점이에요. 사람들이 "와, 예쁘다!" 하고 감탄할 때쯤이면 바람에 꽃잎이 한 잎 두 잎씩 떨어지죠. 짧아서 아쉽지만, 어쩌면 그래서 더 아름다운 꽃일지도 모릅니다.

목련이 주는 이 짧은 매력은, 우리에게 지금 이 순간을 더욱 소중하게 누리라는 조용한 메시지처럼 다가옵니다.

애기똥풀의 노란 꽃 뒤 숨은 이야기

애기똥풀. 이름부터 독특하죠? 왜 하필 '애기똥'일까요? 이 이름은 누군가 애기똥풀의 줄기에서 흘러나오는 노란색 유액을 보고,

"애기 똥 같다!"

라고 외친 순간 결정되었을 겁니다. 어쩌면 조금 억울할 수도 있겠어요. 꽃이 이렇게나 예쁜데 이름은 왜 이런 걸까요? 그나마 애기똥이라 얼마나 다행인지!

그런데, 그 덕분에 기억하기는 참 쉽죠? 그래서 애기똥풀이 은근히 친근하게 느껴지는지도 모르겠습니다.

물론 애기똥풀은 이름만큼이나 별칭도 다채롭습니다. 지역에 따라 '젖풀', '씨아똥', '까치다리'라고도 불립니다. '젖풀'은 노란 즙이 마치 젖 같아서 붙은 이름이고, '씨아똥'은 씨앗이 작고 똥같이 생겼다 해서, '까치다리'는 줄기 모양이 까치의 다리를 닮아서 생겼다고 합니다.

심지어 '버침풀'이라고도 불렸는데, 이는 과거 피부 질환에 애기똥

풀을 달여 바르던 습관에서 유래했습니다. 이름만 들어도 이 식물이 얼마나 오랫동안 우리들 곁에 있었는지 느껴지죠? 이름 하나로 벌써 이야깃거리가 가득한 느낌입니다.

그런데 이 애기똥풀, 그냥 귀여운 이름과 노란 꽃만 있는 게 아닙니다. 독성이 강한 식물이에요. 줄기나 잎을 꺾으면 나오는 노란색 유액은 피부병 치료제로 오래전부터 사용되었지만, 이걸 잘못 먹으면 큰일 납니다. 목이 뜨겁고 구토를 유발하며 심하면 신경 마비까지 올 수 있다고 해요. 아이들이 줄기를 꺾어 손톱에 매니큐어처럼 바르며 노는 모습을 보면, 반드시 주의를 기울여야 합니다.

애기똥풀은 자연의 놀라운 지혜를 보여 주는 특별한 식물입니다. 그중에서도 가장 빛나는 순간은 바로 씨앗이 만들어질 때입니다. 씨앗에는 '엘라이오솜'이라는 특별한 흰색 기름층이 붙어 있습니다.

엘라이오솜이 뭔지 궁금하시죠? 이건 바로 '개미들을 위한 자연산 고급 간식' 같은 존재입니다. 씨앗 표면에 붙어 있는 기름층인데, 개미들에게는 새끼들에게 주는 특별 영양 간식으로 아주 귀하게 여겨집니다.

개미들은 엘라이오솜을 확보하기 위해 씨앗을 물고 부지런히 둥지로 가져가죠. 마치,

"오늘 저녁 메뉴는 엘라이오솜이다!"

하고 외치는 것처럼요. 그런데 재미있는 것은 개미가 씨앗을 둥지로 가져가는 도중 땅에 떨어뜨리거나 아예 땅속에 묻어 버린다는 사실! 물론, 맛있는 엘라이오솜은 대개 다 먹어 버리지만요.

결과적으로, 씨앗 입장에서는 개미 덕분에 적당한 장소로 이사 오는 상황이 됩니다. 개미들은 단지 간식을 먹으려고 했을 뿐인데, 이 과정에서 씨앗에게는 완벽한 새로운 터전이 생기게 되는 거죠. 그러니 씨앗과 개미의 관계는 일종의 먹이와 주거 제공의 윈-윈 협약 같은 셈입니다.

엘라이오솜을 이용하는 식물은 애기똥풀에만 국한되지 않습니다. 제비꽃, 현호색, 양귀비 등 다양한 식물들이 엘라이오솜을 통해 씨앗을 퍼뜨립니다. 개미가 씨앗을 옮기고 심는 과정에서 그들이 들이는 노고를 생각하면 조금 미안한 마음이 들기도 하지만, 이는 자연의 조화 속에서 서로 돕고 살아가는 하나의 모습일 뿐입니다.

자연은 인간의 도움 없이도 이러한 상호작용을 통해 자신만의 방식으로 생태계를 유지하고 발전시킵니다. 엘라이오솜이라는 작은 구조 하나만 봐도, 자연은 얼마나 치밀하게 설계되어 있는지 알 수 있습니다.

이러한 면면을 보면, 우리 인간도 자연의 일부로서, 그 조화 속에서 어떤 역할을 하나쯤 맡고 싶지 않은가요?

보도블록 틈새의 생명력, 쇠비름

우리 주변에서 흔히 볼 수 있지만, 무심코 밟고 지나치는 식물, '쇠비름'에 대해 이야기해 보려고 합니다.

우선, 쇠비름은 흔히 말하는 잡초로 분류되곤 하지만, 그저 뽑아 버리기에는 조금 아까운 식물입니다. 왜냐하면 이 작은 식물 하나가 품고 있는 생명력과 활용 가치가 꽤 높기 때문입니다.

쇠비름은 주로 양지바른 곳이나 반그늘에서 잘 자라며, 심지어 열악한 환경에서도 생존하는 대표적인 잡초입니다. 길이는 약 15~30㎝ 정도 자라며, 그 생명력은 말 그대로 '미친 생존력'이라고 불릴 만큼 강력합니다. 이 식물은 뿌리를 뽑아 바닥에 내던져도 다시 뿌리를 내려 자랍니다. 그래서 유럽에서는 '미친 풀'이라는 별명으로 부르고 있습니다.

도시에서는 좀처럼 보기 힘들 것 같지만, 종잇장 한 장 겨우 들어갈 보도블록 틈 사이에서도 자라는 모습에 깜짝 놀라신 적 있으실 겁니다. 번식력도 엄청나서 환경이 좋으면 1년에 무려 4세대까지 번식한다고 하니, 정말 이 풀의 생명력은 대단하다는 생각이 듭니다.

쇠비름은 내염성도 강한 식물로 알려져 있습니다. 염분 흡수율이 높아 염도가 높은 토양에서도 잘 자랍니다. 그래서 염분이 많은 땅에서 염분을 제거하는 용도로도 쓰인다고 합니다. 어찌 보면 자연이 우리에게 준 친환경 정화 장치라고도 할 수 있겠죠.

쇠비름이라는 이름은 '맛이 비리다'에서 유래했다고 합니다. '쇠'라는 접두어는 흔히 작거나 비슷한 것을 뜻하는데, 쇠비름과 비름은 전혀 다른 식물입니다. 쇠비름은 쇠비름과, 비름은 비름과로 분류되어 서로 다른 가족에 속합니다.

이름뿐 아니라 두 식물의 잎 모양도 차이가 뚜렷합니다. 쇠비름은 동글동글한 잎과 두툼한 다육질 형태를 가지고 있는 반면, 비름은 넓고 마름모꼴 모양의 잎을 지니고 있어 쉽게 구분할 수 있습니다. 비슷한 이름 때문에 종종 혼동되지만, 알고 보면 전혀 다른 매력을 가진 식물들입니다.

쇠비름은 다양한 이름으로도 불립니다. 잎 모양이 말의 치아를 닮았다 하여 '마치현(馬齒莧)'이라 불리기도 하고, 다섯 가지 색을 가졌다 하여 '오행초'라는 이름도 있습니다. 이 다섯 가지 색은 초록빛 잎, 붉은 줄기, 노란 꽃, 흰 뿌리, 그리고 까만 씨를 뜻하며, 음양오행의 균형을 상징한다고도 합니다.

쇠비름은 나물로 즐겨 먹었을 뿐만 아니라, 비누를 만들거나 화장품 재료로도 사용되며 실용적인 가치를 더해 왔습니다.

밭에서 자라는 쇠비름 한 포기를 관찰하면, 오전에 작은 노란 꽃이 피었다가 오후가 되면 금세 시들어 버리는 모습을 볼 수 있습니다. 하지만 이 꽃은 완전히 하루 만에 떨어지는 진짜 하루살이꽃은 아닙니다. 꽃잎이 오므라들었다가 다음 날 다시 피는 반복 개화 방식을 보이기 때문이죠. 이 과정은 보통 2~3일 동안 반복되며, 꽃이 완전히 시들기 전까지 계속됩니다.

쇠비름의 줄기는 두툼하고 탄력이 있어 어린 시절 장난감으로도 자주 활용되었습니다. 줄기를 꺾어 목걸이나 팔찌를 만들기도 하고, 손가락 길이만큼 꺾어·눈꺼풀 위아래에 끼운 채 무서운 표정을 짓는 놀이를 하곤 했죠. 그때 친구들은 꼭,

"아, 무서워!"

하고 놀란 척 리액션을 해 줘야 했습니다. 반응이 크면 클수록 더 크게 웃으며 즐거워했던 기억이 떠오릅니다.

쇠비름은 먹는 채소로도 오래전부터 사랑받아 왔습니다. 서양에서는 로마 시대부터 샐러드나, 삶아 먹는 채소로 즐겼고, 우리나라에서는 주로 된장이나 고추장에 무쳐 나물로 먹습니다.

다만, 그 맛은 호불호가 갈릴 수 있는데요. 미끄럽고 신맛이나 비린 맛이 느껴지기도 하지만, 좋아하는 사람들에게는 이만한 별미가 따로 없다고 합니다. 그리고 영양적으로도 뛰어납니다. 쇠비름은 필수 무기질과 오메가-3 함량이 높아 건강식으로도 손색이 없습니다.

쇠비름은 겉보기엔 소박한 잡초처럼 보이지만, 알고 보면 자연계의 생존 전문가입니다. 환경에 따라 자라는 모습이 완전히 달라지는 것도 그 이유 중 하나죠. 그늘에서는 조금 쉬엄쉬엄 가 볼까 하듯 줄기가 천천히 자라고 잎과 꽃, 열매도 적게 맺습니다. 반면, 뜨겁고 건조한 환경에서는,

'오히려 이런 날씨가 난 좋아!'

하며 더 많은 꽃과 열매를 생산해 내는 강인한 생명력을 보여 줍니다.

쇠비름의 강인한 생존 비결은 바로 이 두 가지 특별한 광합성 방식, 즉 C4 광합성과 CAM 광합성 덕분입니다. 이 두 방법을 상황에 따라 유연하게 바꾸는 능력은 정말 독보적이죠.

C4 광합성은 햇빛이 강하고 따뜻한 날씨에 사용하는 방식입니다. 마치 센 불에 음식을 빠르게 요리해 에너지를 폭발적으로 만들어 내는 것과 같죠. 덕분에 쇠비름은 이런 날씨에서 빠르게 성장하며 힘을 발휘합니다.

반면, CAM 광합성은 비가 오지 않고 날씨가 건조할 때 사용하는 생존 모드입니다. 낮에는 물을 아끼기 위해 문을 꽉 닫고, 밤에는 살짝 열어 공기를 모아 두는 방식이죠. 낮에는 이렇게 모아 둔 공기로 천천히 에너지를 만들어 내니, 마치 절약형 생존 전략을 펼치는 것과 같습니다.

정리하자면, 쇠비름은 날씨에 따라 유연하게 에너지를 만들어 내며 살아남습니다. 날씨가 좋으면 빠르게 자라는 C4 모드로, 날씨가 나쁘고 건조하면 물을 아끼는 CAM 모드로 전략을 바꾸는 모습은 마치 날씨에 맞춰 요리법을 바꾸는 요리사 같습니다. 이 놀라운 능력 덕분에 쇠비름은 생화학 연구에서도 큰 주목을 받고 있는 식물입니다.

과학자들은 이 과정을 연구함으로써 농업과 환경 복원, 특히 가뭄에 강한 작물 개발에 도움을 줄 가능성을 모색하고 있습니다.

쇠비름을 뽑을 때마다 느끼는 건, 그저 잡초 하나를 제거했다는 것이 아니라 자연의 강인한 생명력이 손끝으로 전해진다는 점입니다. 뿌리째 뽑혀도 다시 싹을 틔우는 이 작은 풀은, 우리가 살아가는 세상을 더욱 푸르게 지켜 주고 있음을 깨닫게 합니다. 이렇게 끈질긴 생명력이 우리의 환경을 더 건강하게 만들고 있다는 사실이, 문득 고마워집니다.

세 번 피는 꽃, 동백과의 만남

　동백꽃이 세 번 핀다는 사실, 알고 있었나요? 한 번은 나무 위에서, 두 번째는 땅 위에서, 그리고 마지막은 그것을 바라보는 이의 마음속에서 핍니다. 다른 꽃들과 달리 꽃잎이 하나씩 떨어지지 않고 통째로 지는 동백꽃은, 삶의 뜨거움과 죽음의 단호함을 함께 떠올리게 합니다.

　이처럼 강렬한 인상을 남기는 동백꽃은 우리의 기억 속은 물론, 역사와 문화 속에서도 깊이 뿌리내려 지금까지도 많은 이들의 가슴에 진한 울림을 전합니다.

　일본에서는 동백을 '츠바키'라고 부르며, 사무라이의 꽃으로 사랑받았습니다. 그런데 왜 하필 사무라이의 꽃이냐고요? 동백꽃이 통째로 떨어지는 모습 때문입니다. 사무라이들은 그 모습을 보며,

　　'멋지게 살다 명예롭게 떠나라!'

라는 결단력을 떠올렸다고 하니, 정말 사무라이다운 생각이죠.
　그런데 동백이라는 이름 자체도 많은 사람들이 궁금해합니다. 이

렇게 저렇게 생각해도 동(冬)과 백(柏), 즉 '잣나무'를 의미하는 한자를 합쳐 놓았다는 점이 조금 이상하죠. 이 의아함은 옛날에도 마찬가지였나 봅니다. 고려 시대 문인 이규보의 시 중에는,

'곰곰이 생각하여도 동백이 잣나무보다 나으니,
동백이란 이름이 옳지 않도다'

라는 구절이 있습니다. 다시 말해, 이 예쁜 꽃을 잣나무에 비유한 것이 그리 옳지 않다는 뜻이죠. 그러니 그때부터, 아니 그 이전부터도 '동백이란 이름이 참 이상하네?' 하고 생각하는 사람이 많았던 모양입니다.

동백꽃이 피고 지는 과정에서 빼놓을 수 없는 존재가 하나 더 있습니다. 바로 동박새인데요, 동백의 꽃꿀을 찾아 날아다니는 동박새는 그 긴 부리를 이용해 꽃 속의 꿀을 먹으며 자연스럽게 수분을 도와줍니다. 다른 곤충이 활발히 활동하기 어려운 추운 계절에도 동박새와 동백은 서로 도움을 주고받으며 아름다운 풍경을 만들어 냅니다.

만일 동박새가 동백꽃보다 먼저 이름 지어졌더라면 동백이라는 이름은 동박새에서 왔을 가능성도 배제할 수 없습니다. 이렇게 둘은 자연 속에서 깊이 연결된 특별한 관계를 보여 줍니다.

한국에서 동백은 따뜻한 남쪽 해안 지역에서 특히 사랑받는 꽃입

니다. 동백꽃이 가장 빛나는 겨울은 다른 꽃들이 움츠러드는 계절입니다. 그러나 동백은 추운 겨울바람을 이겨 내며 자신만의 뜨거운 색으로 세상을 환하게 밝힙니다. 그래서 사람들은 동백을 '겨울의 희망'이라고 부르곤 했습니다.

동백은 한국 예술에서도 중요한 주제로 자리 잡고 있습니다. 동백꽃을 노래한 곡들은 세대가 바뀌어도 사람들에게 꾸준히 사랑받아 왔습니다. 이미자의 〈동백아가씨〉는 한국 가요사에서 빼놓을 수 없는 명곡으로, 서정적인 멜로디와 가사가 동백꽃의 애틋함을 아름답게 담아냈습니다. 특히,

'그리움에 지쳐서… 꽃잎은 빨갛게 멍이 들었소.'

라는 가사는 동백꽃을 통해 사랑과 그리움을 섬세하게 표현합니다.

송창식의 〈선운사〉에서는 동백꽃을 '눈물처럼 후두둑 지는 꽃'이라고 표현하며, 수많은 사람들의 마음속에 깊은 인상을 남겼습니다. 이처럼 동백꽃은 다양한 곡들 속에서 따뜻한 정서와 아름다움을 대변하며 우리의 감성을 자극해 왔습니다.

동백은 한국의 아픈 역사 속에서도 중요한 상징으로 자리 잡았습니다. 제주 4·3사건의 상징으로 여겨지는 동백은 잊힌 희생자들의 아픔을 대변합니다. 붉게 피어나 통째로 떨어지는 동백꽃의 모습은 그들의 고통과 억울함을 떠올리게 합니다.

그러나 동백은 단지 슬픔만을 이야기하지 않습니다. 떨어진 자리에서 다시 꽃송이째 피어나는 동백은 희망과 회복의 메시지를 담고 있죠. 이는,

'우리는 쓰러져도 다시 일어설 것이다!'

라는 약속과도 같습니다.

세계적으로도 동백은 각기 다른 이야기를 품고 있습니다. 중국에서는 오래전부터 동백을 고귀함과 여성의 미덕을 상징하는 꽃으로 여겼습니다. 봄을 부르는 꽃이라 불리며, 정원의 가장 중요한 자리에 심겨 그 아름다움을 찬양받았습니다.

서양에서는 동백이 유럽으로 전해지면서 '카멜리아'라는 이름으로 불리며 상류층의 사랑을 받았습니다. 빅토리아 시대에는 동백을 손에 들고 다니는 것이 부와 우아함의 상징이 되었고, 특히 흰 동백은 순수함과 고귀함을 나타냈습니다.

프랑스의 소설 『춘희』에서는 매춘부였던 주인공이 항상 동백꽃을 들고 다니며 '동백의 여인'으로 불립니다. 그녀는 사랑하는 연인을 위해 자신의 사랑을 포기해야 하는 비극적 운명을 맞이하죠. 이 소설에서 동백꽃은 주인공의 순수한 사랑과 희생, 그리고 비극을 상징하며, 독자들에게 진정한 사랑의 의미를 깊이 생각하게 합니다.

동백꽃은 피고 지는 순간조차 강렬한 인상을 남깁니다. 나무 위

에서의 고운 모습, 땅 위에서의 여운, 그리고 그것을 바라보는 사람들의 마음속에 남는 깊은 울림까지. 동백은 삶과 죽음, 사랑과 그리움, 그리고 희망과 회복을 떠올리게 하는 존재로 많은 사람들에게 기억되고 있습니다.

다섯 시에 만나요, 민들레

민들레는 다년생 초본식물로, 그 생명력은 정말 대단합니다. 짓밟혀도 죽지 않고, 뿌리가 동강 나도 새로운 싹을 틔워 냅니다. 보도블록 틈새나 아파트 난간의 먼지 사이에서도 피어난 민들레를 본 적 있을 겁니다.

이 강한 생명력 덕분에 민들레는 오래전부터 민초의 상징으로 여겨졌습니다. 아무리 험한 환경 속에서도 꿋꿋하게 살아남는 모습이 마치 우리네 서민의 삶을 떠올리게 했던 거죠.

민들레는 그 이름에서도 여러 이야기를 담고 있습니다. 민들레라는 이름은 문 주위, 즉 문 둘레에 많이 피어난다는 데서 유래했다고 전해집니다. 한자로는 '포공영(蒲公英)'이라 불리며, 이는 '솜처럼 부드럽게 퍼지는 꽃'이라는 의미를 담고 있습니다. 씨앗이 바람을 타고 멀리 퍼져 나가는 모습을 연상시킵니다.

민들레꽃은 알고 보면 '작은 꽃들의 대가족'입니다. 우리가 보기엔 하나의 꽃처럼 보이지만, 사실은 200여 개의 작은 꽃들이 모여 만든 꽃송이 공동체죠. 그러니 민들레 꽃송이는 '한 지붕 200꽃' 같은 독특한 구조를 가진 셈입니다.

그리고 바람을 타고 멀리 날아가는 그 씨앗들, 사실은 작은 꽃들의 멋진 작품입니다. 씨앗 하나하나에 달린 솜털 같은 부분은 '파푸스(pappus)'라고 불리며, 마치 작은 낙하산처럼 바람을 타고 씨앗을 멀리 퍼뜨리는 중요한 역할을 합니다. 입김으로 '후' 불어 주면 파푸스들은,

"얏호!"

를 외치며 하늘로 떠오르죠. 그렇게 날아간 씨앗들은 새로운 땅에 내려앉아 노란빛을 담은 작은 별 같은 꽃으로 다시 피어납니다.

씨앗 입장에서 보면, 이건 단순한 이사가 아닙니다. 이제껏 알던 모든 것을 뒤로한 채, 새로운 세상으로 떠나는 영원한 여행이죠. 그렇게 씨앗은 바람을 타고, 시간을 넘어, 끝없는 여정을 이어 갑니다.

민들레 씨앗은 모식물에서 몇 미터 정도 날아가는 것은 기본이고, 드물게는 수백 미터를 이동하기도 합니다. 이는 민들레가 얼마나 효율적으로 퍼져 나가는지를 보여 주는 생태적 특징입니다.

영어로는 '댄디라이언(Dandelion)'이라 불리며, 이는 민들레 잎의 가장자리가 사자의 이빨처럼 톱니 모양으로 생긴 것을 보고 붙여진 이름이죠.

민들레는 로제트식물로 분류됩니다. 로제트(rosette)란 '장미꽃'을 뜻하며, 잎이 장미꽃처럼 지면 가까이에 둥글게 펼쳐져 자라는 형태를 가리킵니다. 이 구조는 민들레의 생존 전략 중 하나로, 잎을 낮게 유지함으로써 바람과 추위를 막아 주고, 햇빛을 효과적으로 흡수하도록 돕습니다. 로제트 형태는 민들레가 척박한 환경에서도 생존할 수 있게 하는 비결이기도 합니다.

민들레 주변에는 개미가 자주 보입니다. 민들레 뿌리 주위에 개미가 집을 짓고 사는 모습도 볼 수 있는데, 이는 개미가 민들레가 만들어 내는 꿀과 꽃가루를 먹기 위해 뿌리 근처에서 생활하기 때문이죠. 더 나아가, 개미는 씨앗 표면에 붙은 미량의 영양소를 먹기 위해 민들레 씨앗을 나르기도 합니다.

애완용 개미를 키우는 사람들은 민들레 씨앗을 일부러 개미에게 주기도 하는데, 그러면 개미들이 씨앗을 열심히 자기 집으로 가져가는 모습을 관찰할 수 있습니다. 이렇게 개미가 씨앗을 퍼뜨리는 현상을 '개미산포'라고 부르죠.

민들레꽃은 대개 오전 5시경에 피고 8시쯤에 닫힙니다. 이러한 특징 때문에 서양에서는 민들레를 '양치기의 시계'라고 부르기도 했습니다. 민들레꽃이 필 때 양을 몰고 들로 나갔다가, 꽃이 질 때 우리로 돌아온다는 의미죠.

얼마나 생존력이 뛰어난지, 민들레는 깊이 박힌 뿌리를 살짝 잡아

당기면 중간에서 뚝 끊어지지만, 그 끊어진 부분에서 다시 싹을 틔웁니다. 이렇게 쉽게 제거되지 않는 끈질긴 생명력 덕분에, 한 번 자리를 잡으면 뽑아내기가 참 어렵습니다. 결국 민들레만을 제거하기 위한 특수 농기구까지 개발되었다고 하니, 그 강인함이 어느 정도인지 짐작할 수 있겠죠?

민들레 꽃대가 비어 있는 이유는 씨앗을 날린 후 더 이상 역할이 없기 때문입니다. 씨앗을 날리고 꽃대는 곧바로 시들어 버리니, 속을 비워 간편하게 일회용 빨대처럼 설계된 것이라고 볼 수 있습니다.

또한, 수분이 완료된 꽃은 입을 다물고 몸을 아래로 기울여, 파푸스가 바람을 타고 잘 날아가도록 돕습니다. 이런 단순하면서도 효율적인 구조는 민들레의 놀라운 생존 전략을 잘 보여 줍니다.

민들레를 바라보는 시선은 사람마다 다릅니다. 관리가 잘된 잔디밭에서는 '골칫덩어리' 취급을 받지만, 한편으로는 샛노란 민들레꽃밭이 마치 샛노란 융단처럼 아름다운 풍경을 선사하기도 합니다.

민들레의 뿌리는 깊이 땅속을 파고들어 다른 식물이 닿지 못하는 영양분을 끌어올리는 능력을 가졌습니다. 덕분에 농약을 자주 사용하는 과수원에서도 민들레는 꿋꿋하게 자라죠. 하지만 바로 이 강인함 때문에, 민들레가 환영받지 못하는 곳도 있습니다.

예를 들어, 캐나다에서는 민들레가 잔디밭의 작은 악당 취급을 받습니다. 볕이 좋은 잔디밭에 뿌리를 내리고 번식력을 발휘하는 민들레는 잔디밭의 평화를 위협하는 불청객으로 여겨지기도 하죠. 잔디를 가꾸는 사람들에게 민들레는 제거가 쉽지 않은, 끈질기고 강력한 상대입니다.

많은 문학과 예술 작품에서는 민들레가 희망과 감사의 상징으로 등장합니다. 척박한 환경에서도 꿋꿋이 자라며 자신의 존재를 드러내는 모습은, 삶의 어려움 속에서도 희망을 잃지 않으라는 메시지를 전해줍니다.

박완서 작가의 단편소설 중에 「옥상의 민들레꽃」이 있습니다. 이 작품은 한때 고등학교 교과서에도 실리며 많은 이들에게 감동을 주었던 이야기입니다. 극단적인 선택을 결심한 한 소년이 옥상 틈새에서 피어난 민들레를 보고 다시 삶의 용기를 얻는 내용을 담고 있죠. 그 민들레는 소년에게 아마 이렇게 말했을 겁니다

"나 좀 봐! 나는 이렇게 작은 꽃이지만,
이런 열악한 환경 속에서도 꿋꿋이 살아가고 있잖아!"

민들레는 한 번 씨를 뿌리면 끝이 아닙니다. 민들레씨가 바람을 타고 널리 퍼지듯, 그 생명은 끊임없이 순환하며 자연에 깊은 영향을 미칩니다.

특히 서양민들레는 자가수분이라는 독특한 생식 방식을 통해 다른 식물의 도움 없이도 스스로 씨앗을 형성할 수 있습니다. 이는 꽃가

루가 같은 꽃 내에서 수정이 이루어지는 것을 의미하며, 이로 인해 외부 환경에 크게 의존하지 않고도 번식할 수 있죠.

반면, 우리나라의 토종 민들레는 조금 다른 매력을 가지고 있습니다. 노란 꽃을 피우는 서양민들레와 달리, 토종 민들레는 특유의 흰 꽃을 피우며 소박하고 단정한 아름다움을 자랑합니다. 하지만 토종 민들레는 번식에 있어 조금 더 '전통적 방식'에 의존합니다. 곤충의 도움을 받아야 씨앗을 맺을 수 있기 때문에, 서양민들레처럼 폭발적으로 퍼져 나가진 않죠.

게다가 서양민들레의 왕성한 번식력에 밀려, 현재 토종 민들레는 점점 자리를 잃어 가고 있습니다. 서양민들레의 번식력이 놀랍고, 환경에 적응하는 능력도 대단하지만, 토종 민들레가 가진 소박한 아름다움과 생태적 균형감 또한 놓치지 말아야 할 매력입니다.

이렇듯 민들레는 각기 다른 시선에서 다양한 의미를 지니며, 우리가 바라보는 자연의 또 다른 얼굴을 보여 줍니다.

엉겅퀴, 가시 속에 숨겨진 강인함

엉겅퀴라는 이름에는 독특한 의미가 담겨 있습니다.

'피를 엉키게 한다.'

라는 지혈 작용에서 유래한 이름이라고 하는데요. 옛날에는 아이들이 넘어져 무릎이 까지면 엉겅퀴를 짓찧어 상처에 붙이거나 즙을 발라 피를 멈추게 했다고 합니다. 물론, 큰 상처에는 효과가 제한적일 수 있으니, 간단한 응급처치용으로만 사용되었던 것이죠.

엉겅퀴는 추위가 오면 지상 부위는 죽고, 뿌리로 겨울을 납니다. 이를테면 다년생 풀이죠. 줄기는 곧게 자라며 흰 털로 뒤덮여 있습니다. 꽃은 보랏빛으로 아름다움을 자랑하지만, 그 아래 잔가시는 맨살에 닿으면 매우 쓰라린 고통을 주죠.

엉겅퀴는 스코틀랜드의 국화로도 유명합니다. 중세 시대, 스코틀랜드를 침공하던 노르웨이 군대가 밤에 몰래 기습하고자 샌들을 벗고 맨발로 접근했습니다. 그러다 엉겅퀴에 발가락을 찔려 비명을 질렀답니다. 이 소리로 스코틀랜드 병사들이 깨어나 침공을 막았다는 일화가 있죠. 이후 엉겅퀴는 스코틀랜드의 상징이 되었습니다.

성경에서는 엉겅퀴가 자주 등장합니다. 그러나 그 이미지가 긍정적인 것은 아닙니다. 창세기에서는 엉겅퀴가 인간의 고난을 상징하며, 이사야서에서는 찔레와 함께 황폐함의 상징으로 묘사되기도 합니다. 이런 부정적인 이미지는 엉겅퀴의 강인한 생명력과 가시로 인한 고통 때문이 아닐까 싶습니다.

엉겅퀴는 이렇게 때로는 무가치한 것, 저주, 황폐 등 부정적인 이미지로 인식되고 때로는 행운, 구국, 독립 등의 희망의 메시지를 전달하기도 합니다. 북유럽에서는 엉겅퀴를 이렇게 부른다고 해요.

'천둥의 신 토르의 꽃'

이 꽃을 몸에 지니고 있으면 벼락 맞는 것을 피할 수 있다는 이야기도 있습니다.

엉겅퀴는 종류도 다양하며, 그 쓰임새 역시 각기 다릅니다. 북미와 유럽에서 유명한 밀크시슬(Milk Thistle)은 요즘 건강식품으로 주목받고 있는 엉겅퀴의 한 종류입니다.

줄기를 꺾으면 하얀 즙이 나오는 특징 때문에 '밀크'라는 이름이 붙은 엉겅퀴는 간 건강에 도움을 주는 실리마린 성분을 함유하고 있습니다. 이 성분은 건강식품이나 숙취 해소 음료의 주요 성분으로 널리 활용되고 있습니다. 어쩌면 피를 엉키게 하는 것도 바로 이 '밀크' 때문이 아닌가 싶습니다.

반면, 우리나라 울릉도에서 자라는 섬엉겅퀴는 부드럽고 연한 식감 덕분에 식용으로 사랑받고 있습니다. 특히 국물 요리에 많이 사용되며, 순하고 담백한 맛이 특징입니다.

그런데 이 섬엉겅퀴를 육지로 옮겨 기르면 가시가 생겨 식용으로 활용하기 어려워진다고 합니다. 이는 환경 변화가 식물에 미치는 영향을 보여 주는 신비로운 사례로, 가시가 스트레스에 대한 반응일 것이라는 설명도 그럴듯한 설득력을 갖게 됩니다.

동화 『백조 왕자』에서 엘리제 공주는 계모의 마법으로 백조가 된 형제들을 구하기 위해 혹독한 고난을 견딥니다. 그녀는 형제들을 다시 인간으로 되돌리기 위해 가시 많은 엉겅퀴로 옷을 짜야 했습니다.

엉겅퀴의 가시는 그녀의 몸을 상처투성이로 만들었지만, 엘리제는 고통과 외로움을 묵묵히 이겨 내며 작업을 완성하죠. 이 이야기는 엉겅퀴를 고난 속에서도 희생과 사랑을 이루어 내는 상징으로 그려 내며 깊은 감동과 교훈을 전합니다.

우리 주변에서 엉겅퀴는 여러 가지로 활용됩니다. 여린 잎은 데쳐서 나물로 먹거나, 된장국에 넣어 독특한 풍미를 더하기도 합니다. 그 맛은 순하고 자연의 향을 담고 있어 누구나 부담 없이 즐길 수 있죠. 우리가 좋아하는 곤드레나물도 엉겅퀴의 일종으로, 그 부드러운 맛과 은은한 향이 많은 사람들에게 사랑받고 있답니다.

도꼬마리의 특별한 생존 전략

　도꼬마리, 다들 한 번쯤 본 적 있죠? 가시가 빽빽하게 나 있는 열매로 유명한 식물이에요. 생긴 것만 봐도 꽤나 거칠어 보이는데, 그 외모만큼이나 끈질긴 생명력을 가진 식물이랍니다. 어디서든 잘 자라며, 밟히거나 차에 깔려도 끄떡없어요. '자연계의 생존왕'이라는 별명이 딱 어울리는 녀석이죠.

　도꼬마리 열매는 온통 갈고리처럼 생긴 가시로 덮여 있어요. 이 가시들은 씨앗을 멀리 퍼뜨리기 위한 디자인입니다.

　이 열매가 한번 붙으면 떼어 내기가 얼마나 어려운지! 동물의 털에 붙으면 떼어 내다가 털이 빠질 정도고, 머리카락에 붙으면 아파서 눈물이 날 수도 있어요. 이 모든 게 도꼬마리 씨앗이 새로운 땅에 뿌리를 내리기 위한 그들만의 전략입니다.

　열매를 자세히 관찰해 보면, 가시 끝부분이 갈고리처럼 휘어 있는 걸 볼 수 있어요. 이 구조 덕분에 한번 달라붙으면 좀처럼 떨어지지 않는 거죠.

　어릴 적 친구들과 도꼬마리 열매로 장난쳤던 추억이 떠오르시나요? 열매를 살짝 던져 친구의 옷에 붙이거나, 몰래 손바닥에 쥐여어

주며 깜짝 놀라게 했던 기억이요. 친구는 이미 다 알면서도 놀란 척하며,

"으악, 이게 뭐야!"

하고 호들갑을 떨고, 그걸 보며 우리는 깔깔대며 웃곤 했죠. 호들갑이 심할수록 더 재미있었습니다.

도꼬마리 씨앗에는 또 다른 놀라운 비밀이 숨어 있어요. 모든 씨앗이 한꺼번에 싹을 틔우는 게 아니라, 약 20%만 먼저 발아하고 나머지 80%는 환경이 적합해질 때까지 잠들어 있습니다.

이 과정은 마치 자연의 전략 게임 같죠. 선발대가 실패하면 후발대가 준비해 있다가 기회를 잡는 거죠. 이를 통해 도꼬마리는 긴 시간 동안 생존 가능성을 높이는 겁니다.

도꼬마리가 사람에게 준 또 하나의 선물이 있는데, 바로 우리가 흔히 '찍찍이'라고 부르는 벨크로입니다.

스위스의 한 발명가는 사냥을 하다가 도꼬마리 열매가 바지와 사냥개의 털에 단단히 붙어 있는 모습을 보고 궁금해졌어요. 그는 현미경으로 열매를 관찰했고, 가시의 갈고리 구조가 다른 섬유와 엉키는 원리를 발견했습니다.

이 아이디어를 바탕으로 만든 벨크로는 신발, 가방, 심지어 우주복까지 다양한 곳에서 사용되고 있죠. 이를 '생체모방기술'이라 부르

며, 넝쿨장미의 가시를 본떠 만든 가시철망이나, 연잎의 물에 젖지 않는 특성을 활용한 프라이팬 역시 이와 같은 원리를 적용한 사례입니다.

한국에서는 도꼬마리 열매를 '창이자(蒼耳子)'라고 불렀습니다. 전통 한약재로 사용되었으며, 염증을 가라앉히거나 어혈을 치료하는 데 효과가 있다고 알려져 있죠. 자연이 준 치유의 선물이랄까요?
유럽에서는 도꼬마리의 가시가 번식력과 풍요를 상징한다고 여겨졌어요. 그래서 카펫이나 곡식 자루에 도꼬마리 모양을 새겨 넣거나, 액세서리로 만들어 사용했답니다. 이 모든 게,

'우리도 도꼬마리처럼 풍요롭고 번성하자!'

라는 마음에서였겠죠.
북미 원주민들에게 도꼬마리는 '사람을 붙잡는 열매'로 불리며 특별한 의미를 가졌습니다. 이들은 도꼬마리를 피부 질환을 치료하는 약초로 사용했을 뿐만 아니라, 타인과의 관계와 연결의 상징으로 여겼다고 하니, 도꼬마리가 어린이들의 장난감 이상의 가치를 지닌 셈이죠.
생각해 보면, 누군가와의 관계를 소중히 여기고 싶다면 도꼬마리 열매를 떠올려도 좋을 것 같습니다. 왜냐고요? 잘 떼어 내기 힘드니까요! 이쯤 되면 옷에 붙은 도꼬마리가 마치 이렇게 외치는 듯

하죠?

"어딜 가려고!"

도꼬마리 열매가 옷에 붙었을 때, 그냥 떼어 내지 말고 잠시 멈춰서 생각해 보세요. 이 작은 열매가 품고 있는 자연의 놀라움, 생존 전략, 그리고 우리 삶에 주는 영감을요.

3장

흔히 보는 새들 이야기

"새 한 마리를 이해하는 것은
때때로 우리 자신을 더 넓게,
더 깊게 이해하는 길이기도 합니다."

숲속의 드러머, 딱따구리

숲길을 걷다 보면 어디선가,

"딱따그르르!"

하고 울려 퍼지는 경쾌한 소리가 들립니다. 바로 딱따구리가 나무를 두드리는 소리인데요. 이 작은 새는 왜 그렇게 열심히 나무를 두드리는 걸까요?

알고 보면, 딱따구리의 행동에는 생존과 번식을 위한 그들만의 비밀이 숨어 있습니다. 오늘은 숲속의 드러머, 딱따구리에 대해 재미있는 이야기를 나눠 보려고 합니다.

딱따구리가 나무를 두드리는 첫 번째 이유는 바로 먹이를 찾기 위해서입니다. 딱따구리는 나무 속에 숨어 있는 곤충을 탐지해 잡아먹습니다.

그들은 마치 숲속의 탐정처럼 나무 속 작은 움직임을 예민하게 감지합니다. 나무 속 곤충의 움직임을 듣기 위해 딱따구리는 특수한 깃털로 귀를 덮어 음파를 증폭시킵니다. 사람의 귀로는 들을 수 없는 소리까지 탐지할 수 있죠.

딱따구리의 부리는 나무를 쪼기 위해 진화했습니다. 겉은 단단한 각질로 덮여 있고, 안쪽은 충격을 흡수하는 다공성 뼈와 콜라겐 섬유로 이루어져 있습니다. 이 부리는 망치처럼 강력해서, 나무를 두드리거나 뚫어도 손상되지 않습니다.

나무 틈 사이로 작은 벌레의 흔적이 드러나는 순간, 딱따구리는 기다렸다는 듯 길이 15㎝에 이르는 긴 혀를 내밉니다. 혀끝은 낚싯바늘 같은 갈고리 구조로 되어 있어 곤충을 단숨에 낚아채죠.

딱따구리는 나무에 구멍을 파서 자신의 둥지를 만듭니다. 이 둥지의 내부는 그냥 뚫려 있는 게 아니라 보통 ㄱ자 형태의 구조로 되어 있습니다. 아래로는 약 30㎝ 깊이로 설계되어 있어 천적이 쉽게 접근할 수 없죠.

둥지를 만드는 작업은 암컷과 수컷이 교대로 진행합니다. 두 마리가 번갈아 가며 구멍을 뚫는 모습은 마치 건축가들의 팀워크처럼 노련합니다.

딱따구리가 나무를 두드리거나 구멍을 뚫을 때, 강한 발톱으로는 나무를 움켜쥐고 꼬리로는 나무 표면에 단단히 밀착해 몸을 고정시킵니다. 이는 나무를 쪼아도 뒤로 밀려나지 않게 해 주는 중요한 지지대 역할을 합니다. 꼬리로 몸을 지탱하는 이런 독특한 방식은 딱따구리만의 특징일 것입니다.

이렇게 만들어진 둥지는 딱따구리가 사용한 후에도 다른 숲속 친구들에게 유용하게 재활용됩니다. 예를 들어, 동고비나 박새, 하늘다람쥐 같은 동물들이 딱따구리의 둥지를 새로운 보금자리로 사용하죠. 때로는 벌들도 그 속에 집을 짓곤 합니다. 이렇게 숲속에서도 여러 작은 동물들이 자원을 공유하고 재활용하는 것을 흔히 볼 수 있습니다.

딱따구리가 나무를 두드리는 이유는 둥지를 만들거나 먹이를 찾기 위한 것만이 아닙니다.

사실, 딱따구리는 이 두드림을 통해 자기들만의 의사소통을 하는 것입니다. 다시 말해 딱따구리는 나무를 두드려 자신의 영역을 알리고, 짝을 찾는 신호를 보내는 것이죠. 이 소리는 마치,

'여긴 내 구역이야!'
'짝을 구합니다!'

하고 외치는 것 같습니다. 특히 알을 품고 있는 짝에게는 '이제 교대하자!'라는 배려 넘치는 메시지이기도 합니다.

이렇게 딱따구리의 두드림은 무작위로 이루어지는 게 아니라 리듬과 강도가 모두 그들만의 특별한 언어로 사용됩니다. 우리는 알 수 없지만 딱따구리들은 그 소리를 듣고 '아, 저 녀석은 영역을 지키려는구나.' 혹은 '쟨 짝이 없네?'를 알아채죠.

재미있는 것은, 실제로 딱따구리 둥지가 있는 나무를 딱딱 두드려 보면, 둥지 구멍에서 딱따구리가 고개를 빼꼼 내밀며,

'무슨 소리가 이래? 외국어야?'

하는 듯한 표정을 지을 때도 있다는 거예요. 이 모습이 얼마나 귀엽고 웃긴지, 직접 본다면 웃음이 절로 나올 겁니다. 딱따구리의 두드림은 그저 소리가 아닌, 숲속 드러머들의 독창적인 대화 방식이라 할 수 있습니다.

딱따구리는 은밀한 곳에 둥지를 짓지 않습니다. 오히려 동물이나 사람이 자주 다니는 길목에 둥지를 짓는 경우가 많습니다. 그 이유는 바로 뱀 같은 천적을 피하기 위해서입니다. 넓고 훤한 길은 뱀이 먼저 피해 다니기 때문에, 둥지가 오히려 안전해지는 것이죠.

그뿐만 아니라 딱따구리는 비상시를 대비해 주변에 여러 개의 둥지를 만들어 둡니다. 정말 생존의 달인답죠?

딱따구리는 하루에 약 8,000번에서 12,000번까지 나무를 두드립니다. 그런데 이렇게 반복적인 충격에도 머리가 멀쩡한 이유는 무엇일까요? 비밀은 그들의 특별한 머리 구조에 있습니다.

딱따구리의 뇌는 충격을 흡수하는 스펀지 같은 구조물로 둘러싸여 있습니다. 부리와 머리를 연결하는 강력한 근육은 충격을 분산시키며, 뇌는 다른 동물과 달리 뇌척수액이 거의 없어 외부 충격에도 뇌

가 흔들리지 않도록 고정돼 있습니다.

그뿐만 아니라, 딱따구리의 혀는 평소에는 뇌를 감싸고 있다가 먹이를 찾을 때만 길게 뻗어 나오며, 추가적인 충격 완화 장치로 작용합니다.

딱따구리를 보면 대부분 가톨릭 성직자처럼 머리에 빨간 모자를 쓴 것을 볼 수 있습니다. 왜 그럴까요?

빨간 모자는 장식뿐 아니라 건강과 번식력을 나타내는 신호로, 더 선명한 빨간 모자를 가진 딱따구리가 짝짓기에서 더 유리합니다. 이는 딱따구리들이 자신의 능력을 어필하기 위한 자연의 방식 중 하나입니다.

딱따구리는 숲속의 의사로 불립니다. 나무 속 병해충을 잡아먹으며 나무를 건강하게 만들고, 병충해의 확산을 막습니다. 그뿐만 아니라, 딱따구리가 만든 구멍은 다른 동물들에게 새로운 서식지를 제공합니다.

딱따구리가 없다면, 숲은 병충해로 인해 황폐해질지도 모릅니다. 이처럼 딱따구리 한 마리가 숲 생태계에 미치는 영향은 매우 크다고 할 수 있습니다.

협력과 조화의 상징, 물까치

 물까치라 하면, 이름 때문에 까치의 한 종류라고 생각할 수 있는데, 같은 까마귀과이긴 해도 까치와는 모양이 아주 다른 새입니다. 물까치는 동아시아 지역에 널리 분포하며, 한국에서는 어디서든지 흔히 볼 수 있는 텃새입니다. 몸길이가 약 35㎝ 정도로, 그 크기와 아름다운 외모로 많은 사람들의 주목을 받고 있죠.
 머리는 짙은 검은색이고, 날개와 긴 꼬리는 푸른색을 띠어 숲속에서 유난히 눈에 띄는 새입니다. 마치 잘 다려 입은 세련된 유니폼을 입은 듯한 모습이죠. 특히 끝부분이 튀어나온 날렵한 긴 꼬리는 그들의 외모를 한층 더 돋보이게 합니다.
 물까치의 가장 큰 특징 중 하나는 강력한 사회성입니다. 이들은 대개 10마리에서 40마리 이상의 대가족으로 무리를 이루며 살아가는데, 마치 물까치 패밀리 조합처럼 가족 중심의 공동체 생활을 하죠. 우리 눈에는 똑같아 보이는 새들이 한곳에 모여 사는 것처럼 보이지만, 그들은 저마다 서로를 알아보고 구별할 수 있나 봅니다.
 번식기 동안 물까치 무리는 공동 육아 프로그램을 운영하며 협력의 진수를 보여 줍니다. 어미뿐만 아니라 이모, 삼촌, 형, 누나까지

총출동해 새끼들에게 먹이를 물어다 주는데요. 그 모습은 마치,

'한 아이를 키우려면 온 마을이 필요하다.'

는 말을 실천으로 보여 주는 듯합니다.

물까치는 동료에 대한 애정이 아주 깊은 새로도 유명합니다. 최근 연구에 따르면, 물까치들은 동료의 죽음을 이해하고, 그에 대해 애도하는 행동을 보인다고 합니다. 이건 동물 세계에서도 매우 드문 현상인데, 물까치가 얼마나 사회적이고 감정적으로 깊은 관계를 형성하는지를 보여 주는 중요한 증거가 됩니다.

이들은 무리 중 한 마리가 죽으면, 그 주변에 모여들어 죽은 새의 몸을 부드럽게 쪼거나 만지기도 한다고 합니다. 이건 단순히 호기심에서 비롯된 행동이 아니라, 동료에 대한 애도와 슬픔을 표현하는 것처럼 보입니다. 연구자들은 이때 물까치들은 평소와는 달리 조용하고 침착하게 행동하며, 마치 애도하는 시간을 가지는 것처럼 숙연하다고 합니다.

더 놀라운 건, 물까치들이 죽은 동료가 있던 장소를 다시 찾아간다는 겁니다. 마치 우리가 죽은 이를 추모하듯이 말이죠. 이런 행동은 죽음을 이해하고, 그에 대한 감정적 반응을 보이는 매우 복잡한 과정으로, 동물 행동학자들에게 큰 관심을 받고 있습니다.

이런 물까치의 행동은 동물들도 인간처럼 감정을 가지고 있고, 죽

음에 대한 이해와 애도의 과정을 거칠 수 있음을 의미합니다. 동물들의 감정적 세계가 우리가 생각했던 것보다 훨씬 더 복잡하고 풍부할 수 있다는 걸 시사하죠. 이건 동물 행동 연구에서 정말 중요한 발견이라고 할 수 있습니다.

물까치는 울음소리를 통해 다양한 의사소통을 합니다. 이들의 울음소리는 목을 짓누르는 듯한,

'게에, 게에~'

같은 독특한 소리가 특징인데, 이 소리는 무리 간의 의사소통부터 경계 신호, 짝을 부르는 신호 등 다양한 목적으로 사용됩니다.

재미있는 점은 이들의 울음소리가 마치 우리의 언어처럼 상황에 따라 리듬이나 톤이 달라진다는 것입니다. 상황에 맞게 소리를 변형할 수 있어서, 마치 그들만의 '언어'를 가지고 있는 것처럼 느껴질 정도입니다.

이렇게 복잡하고 유연한 의사소통 방식은 물까치의 높은 지능과 사회성을 잘 보여 주는 증거라고 할 수 있습니다. 무리 생활을 하면서 서로 협력하고 정보를 공유하는 데 이 울음소리가 큰 역할을 하죠.

물까치는 잡식성으로, 곤충, 열매, 버섯 등을 섭취하며, 필요하면 다른 새의 알이나 새끼까지 잡아먹는 경우도 있습니다. 이러한 다양

하고 유연한 식성 덕분에 물까치는 열악한 환경에서도 생존할 수 있습니다.

특히 도시화된 지역에서도 적응력이 뛰어나서 인간 생활권 주변에서 자주 발견되기도 합니다. 이를테면 공원, 정원, 농촌 등 다양한 환경에서도 쉽게 볼 수 있습니다.

하지만 물까치는 자신들의 영역을 침범하는 천적이나 위협에 민감하게 반응합니다. 위협이 감지되면 무리 전체가 협력하여 천적을 쫓아내곤 하죠. 특히 번식기에는 둥지 주변을 지키기 위해 더욱 공격적인 태도를 보입니다. 둥지 근처를 지나가는 사람이나 동물에게 경고 울음을 내며, 때로는 직접 공격을 감행하기도 합니다.

물까치는 '개미 목욕'이라는 독특한 행동으로 유명합니다. 이 행동은 물까치가 개미를 자신의 깃털에 문지르거나, 개미가 분비하는 포름산을 이용해 깃털과 피부를 관리하는 것을 말합니다.

포름산은 개미가 방어를 위해 내뿜는 화학 물질로, 물까치는 이를 활용해 기생충을 제거하고 피부 건강을 유지합니다. 이 과정은 마치 자연에서 찾은 그들만의 특별한 스킨 케어 방법과도 같죠.

개미 목욕은 물까치의 깃털을 깨끗하게 유지하고, 기생충 감염을 예방하며, 피부 질환을 방지하는 데 매우 효과적입니다. 이러한 독특한 습관 덕분에 물까치의 외모가 항상 깔끔하고 수려하게 유지되는지도 모르겠네요.

물까치의 사회적 행동과 영역 방어 본능은 그들이 무리로서의 협력과 공동체 의식을 매우 중요시한다는 것을 보여 줍니다. 그들의 삶은 우리 인간 사회에도 시사하는 바가 큽니다. 동물과 자연의 조화, 공동체의 중요성, 그리고 변화하는 환경에 대한 적응력에 대한 교훈이 담겨 있다고 할 수 있습니다.

숲속의 추장, 후투티

혹시 숲길을 걷다가,

"후—투투"

하는 독특한 소리와 함께 머리에 화려한 볏을 세운 작은 새를 본 적이 있나요? 바로 후투티입니다. 그 독특한 외모 덕분에 후투티는 전 세계적으로 사랑받는 새인데요. 오늘은 '숲속의 추장'이라 불리는 이 매력적인 새에 대한 재미있는 이야기를 나눠 보겠습니다.

후투티는 한국 중부 이북에서 관찰되는 흔치 않은 여름철새로 알려져 있습니다. 그러나 최근 몇 년간 기후 변화 등으로 한국에서 겨울을 나는 개체들이 증가하고 있습니다.

후투티가 우리나라에서 겨울을 나는 것은 생물 다양성 측면에서는 좋은 현상이지만, 환경적인 측면에서는 복잡한 의미를 내포하고 있습니다. 왜냐하면 이는 지구 온난화로 인해 기후가 변화하고 있음을 반영하는 현상 중 하나로 볼 수 있으니까요.

기후의 변화는 생태계에 다양한 영향을 미칩니다. 일부 종은 새로운 환경에 적응하기도 하지만, 다른 약한 종들은 생존에 어려움을 겪을 수 있거든요.

후투티의 몸길이는 약 25~30㎝ 정도로 작지만 외모가 독특해서 한번 보면 절대 잊히지 않는 새입니다. 특히 머리 위에 펼쳐진 볏은 인디언 추장의 머리 장식을 연상시키는데, 이 화려한 볏 덕분에 '숲속의 추장'이라는 별명도 있습니다. 볏은 단순한 멋 부리기용이 아닙니다. 감정을 표현하거나 천적을 위협할 때, 혹은 짝을 유혹할 때 아주 중요한 역할을 하죠.

후투티는 이스라엘의 국조로 선정된 특별한 새입니다. 2008년, 이스라엘에서는 국민 투표를 통해 국조를 뽑았는데, 후투티가 압도적인 지지를 받아 1위를 차지했습니다.

후투티가 국조로 선정된 이유는 독특한 외모 때문만은 아닙니다. 후투티는 성경과 코란 같은 종교적 기록에서도 중요한 역할을 했던 상징적인 새이기 때문이죠.

전설에 따르면, 지혜롭기로 유명한 솔로몬왕은 새들의 언어를 이해할 수 있었는데, 후투티는 그의 충직한 사절 역할을 했다고 전해집니다.

특히, 후투티는 사막 같은 척박한 환경에서 지하수를 감지할 수 있는 특별한 능력이 있다고 여겨졌습니다. 물이 귀한 사막에서 후투티는 솔로몬 왕의 믿음직한 부하였던 셈이죠.

이러한 전설은 후투티의 생태적 습성에서 비롯된 것으로 보입니다. 후투티는 긴 부리로 진흙 속에서 벌레를 찾아 먹는데, 벌레가 있는 곳은 수분이 존재할 가능성이 높은 곳이기도 합니다. 후투티가 먹이를 찾으며 보여 준 이런 행동이 물을 찾는 능력으로 여겨졌을 가능성이 크죠.

이처럼 후투티는 지혜와 생존의 상징으로 오랜 시간 사람들에게 특별한 의미를 주는 새로 사랑받아 왔습니다.

코란에서도 후투티는 매우 중요한 역할을 합니다. 솔로몬왕과 시바 여왕을 연결한 주인공이 바로 이 작은 새인데요. 후투티는 솔로몬왕의 편지를 시바 여왕에게 전달하며 두 사람의 역사적인 만남을 이끌어 냈습니다.

시바 여왕은 후투티가 가져온 편지를 읽고 깊이 고민한 끝에 솔로몬을 직접 만나기로 결심을 한 거죠. 이렇게 후투티는 역사의 한 페이지를 장식한 역할을 한 셈입니다.

이런 전설 덕분에 후투티는 지금까지도 이스라엘 사람들에게 특별히 사랑받는 새로 여겨지고 있습니다.

후투티는 땅속의 곤충, 애벌레를 잡아먹는 과정에서 몸에 특유의 냄새가 뱁니다. 심지어 둥지에서도 이 냄새가 나는데, 이는 후투티가 동물들의 배설물 근처에서도 먹이를 찾기 때문입니다. 이런 냄새는 천적을 쫓아내는 방패 역할을 하죠.

후투티의 울음소리는 이 새를 더 특별하게 만듭니다.

"후투투, 후투투"

라는 반복적인 소리는 마치 최면을 거는 듯합니다. 새들은 자기 이름을 부르면 운다는데, 이 새가 그렇습니다. 후투티라는 이름은 외래어 같지만, 순우리말입니다. 영어로는 '후푸(hoopoe)', 아랍어로 '후드후드(hudhud)'라고 부르는데, 당연히 이 이름들도 울음소리에서 따온 것이겠죠?

후투티의 울음은 다른 후투티들과의 의사소통, 영역 표시, 짝을 부르는 중요한 도구로 사용됩니다. 만약 후투티가 자신의 영역에 들어온 다른 새를 발견하면, 거친 울음소리로 경고를 보내죠.

후투티는 초원, 숲 가장자리, 농경지 같은 다양한 환경에서 살아가며 나무 구멍이나 건물 틈에 둥지를 틉니다. 특히 후투티가 그 지역에 서식한다는 것은 그곳의 생태계가 건강하다는 신호로 여겨집니다. 만일 곤충을 잡아먹으며 생태계 균형을 맞추는 후투티가 사라진다면, 이는 환경에 문제가 있다는 뜻일 수 있죠.

'후투티가 있다? 자연이 괜찮다!'

라는 공식이 성립하는 셈입니다.

후투티는 지혜와 충성심의 상징, 생태계를 지키는 일꾼, 그리고 문화와 전설 속의 특별한 존재죠. 다음에 숲속에서 '후-투-투' 소리가 들리면, 우리도 "안녕, 추장님!" 하고 반갑게 인사해 보는 건 어떨까요?

나무 위의 곡예사, 동고비

 오늘은 숲속에서 만날 수 있는 아주 특별한 새, 동고비에 대해 알아볼까 합니다. 혹시 동고비를 본 적 있나요? 아니면 이름이라도 들어 봤나요? 동고비는 크기는 작아도 그 행동과 습성은 정말 매력적인 새입니다.

 동고비는 몸길이가 약 13~14㎝로, 우리가 자주 보는 참새와 비슷한 크기입니다. 등 쪽은 회색빛을 띠는 푸른색이며, 배 부분은 은은한 노란색을 띱니다. 눈가를 가로지르는 검은색 줄무늬는 마치 스파이 마스크를 쓴 듯한 인상을 주고요. 게다가 동고비는 나무를 오르내리는 실력이 뛰어나기로도 유명합니다.

 딱따구리는 나무를 오를 때, 위로만 오를 수 있습니다. 그런데 동고비는 여기서 차별화를 두었죠. 나무를 위로만 오르는 것이 아니라, 옆으로도, 심지어 거꾸로 걸어서 내려오는 것도 가능합니다.

 동고비는 스스로 나무에 구멍을 파지 않고, 딱따구리가 만들어 놓은 둥지 등을 재활용합니다. 하지만 그냥 쓰는 것이 아니라 자기에게 맞게 리모델링을 하죠. 딱따구리 둥지의 입구는 동고비에게 너무 크기 때문에, 동고비는 진흙을 물어 와 꼼꼼하게 입구를 좁히는 작업을 합니다.

이 작업은 주로 암컷이 담당하며, 하루에 50번 이상 진흙을 날라 오기까지 합니다. 날씨가 좋지 않거나 진흙이 부족할 경우, 이 공사는 한 달 가까이 걸리기도 하죠. 게다가 공사가 한창일 때는 부리와 발가락이 온통 흙투성이가 되기도 합니다.

둥지 입구가 알맞게 좁아지면, 이끼나 나뭇잎 등을 날라와 새끼들을 위한 요람을 꾸밉니다. 이 요람은 접시 모양으로 폭신폭신하고 부드럽습니다.

이렇게 완성된 둥지는 천적도 쉽게 들어오지 못하는, 말 그대로 최고의 요새가 됩니다. 그러니 동고비를 숲속 최고의 인테리어 전문가라고 불러도 되겠죠?

그런데 이쯤 되면 궁금해질 거예요.

'그럼 수컷은 뭘 하죠? 같이 일하나요?'

음… 사실 수컷은 직접적으로 공사에 참여하지 않습니다. 대신 흙투성이가 된 암컷 근처를 왔다 갔다 하며, 천적이 오지 않도록 경계를 섭니다. 수컷의 입장에서는 이게 중요한 일이겠지만, 누군가는 '빤질빤질 놀러 다니는 거 아니야?'라고 오해할 수도 있겠죠. 하지만 수컷은 나름대로 가족을 지키는 중요한 임무를 맡고 있는 것입니다.

동고비는 4~6월에 번식하며 한 번에 약 7개의 알을 낳습니다. 알은 흰색 바탕에 갈색 얼룩무늬가 있어요. 암컷과 수컷은 교대로 알을 품고, 새끼들은 부화 후 약 3주 정도 둥지에서 자라다 떠나죠. 이때 새끼들의 털은 아직 어두운 잿빛인데, 점점 자라면서 동고비 특유의 아름다운 색깔을 갖추게 됩니다.

동고비는 계절에 따라 식성을 바꾸는 똑똑한 새입니다. 여름에는 주로 거미나 곤충 같은 단백질이 풍부한 먹이를 사냥합니다. 반면, 겨울에는 자연에서 곤충을 찾기가 어려워지기 때문에 나무 열매나 씨앗을 먹으며 살아가죠. 이렇게 유연한 식성 덕분에 동고비는 계절과 환경 변화에 적응하며 생존할 수 있습니다.

특히 동고비는 나무 위아래를 자유롭게 다니며 먹이를 찾는 모습이 정말 놀라운데요. 나무껍질의 틈새나 가지 아래쪽처럼 곤충이나 씨앗이 숨기 좋은 곳을 꼼꼼히 살펴보며 먹이를 찾아냅니다. 이 모습은 마치 나무 탐정처럼 보이기도 하죠. 덕분에 숲속 생태계에서 동고비는 곤충을 조절하고 씨앗을 퍼뜨리는 중요한 역할을 하기도 합니다.

또 한 가지 재미있는 점은 동고비가 철저한 생활 패턴을 가진 규칙쟁이라는 사실입니다. 이 작은 새들은 마치 알람 시계를 설정해 둔 것처럼, 비슷한 시간대에 특정 장소를 방문하는 습성이 있어요.

예를 들어, 매일 아침 '아침 9시쯤에, 저 나무에서 모이자!'라고 한 듯, 같은 나무로 모여들어 먹이를 찾는 모습을 볼 수 있습니다. 아마 다른 동물들이 동고비의 이런 모습을 보며,

'얘네는 진짜 계획표라도 짜고 사는 건가?'

하고 놀랄지도 몰라요.
이런 규칙적인 생활 패턴 덕분에 동고비는 자신과 무리의 안전을 유지하고, 먹이를 안정적으로 확보할 수 있습니다. 숲속에서 규칙적으로 움직이는 동고비를 관찰하다 보면, 그들의 치밀하고 질서 있는 삶에 감탄하지 않을 수 없답니다.
하지만 동고비에게도 위험한 순간은 있습니다. 찌르레기나 앵무새, 하늘다람쥐와 둥지 자리를 놓고 다투기도 하고, 심지어 오색딱따구리는 동고비의 새끼를 해치는 경우도 있죠. 게다가 새매나 부엉이 같은 천적의 공격도 늘 경계해야 합니다. 하지만 이런 어려운 환경 속에서도 동고비는 끈질기게 자신과 가족을 지키며 살아갑니다.
앞으로 숲을 방문할 때 이 작은 새의 지저귐에 귀 기울여 보세요. 딱따구리의 둥지를 리모델링해 나만의 공간으로 만드는 독특한 능력, 나무를 거꾸로 오르내리며 먹이를 찾는 재주, 그리고 철저한 규칙을 지키는 생활 패턴까지.
이 모든 특징을 떠올린다면, 동고비는 더욱 친근하고 특별한 새로 다가올 것입니다.

숲속의 패셔니스트, 박새

여러분, 혹시 넥타이를 맨 새를 본 적 있나요? 나무 위를 재잘거리며 날아다니는 작은 새, 바로 박새입니다! 오늘은 박새의 독특한 생김새와 특징들을 함께 알아보겠습니다.

박새는 몸길이가 약 14㎝로 참새와 비슷한 크기지만, 그 외모는 훨씬 더 개성 넘칩니다. 머리와 목은 푸른빛이 도는 검은색이고, 뺨은 깨끗한 흰색으로 선명하게 대비돼요. 그리고 무엇보다 가장 눈에 띄는 특징은 배에 넥타이처럼 생긴 검은색 줄무늬입니다.

이 넥타이는 박새를 다른 새들과 쉽게 구별할 수 있게 해 주는데요, 재미있는 점은 암수에 따라 이 넥타이의 모양이 다르다는 겁니다. 수컷은 넥타이가 두껍고 길게 배 전체를 가로지르지만, 암컷은 더 얇고 짧아요. 그래서 넥타이만 잘 보면 '이건 수컷, 저건 암컷' 하고 구별할 수 있답니다.

이렇게 박새는 작은 몸집에도 불구하고 아주 뚜렷한 패션 센스를 자랑하는 새라고 할 수 있죠!

박새는 나무 구멍이나 돌담 틈, 건물의 틈 등 다양한 공간을 활용해 둥지를 짓는데요, 둥지를 꾸밀 때는 정말 섬세하게 작업합니다. 이끼를 밥그릇 모양으로 예쁘게 쌓고, 알을 낳을 자리에는 짐승의 털이나 솜 같은 부드러운 재료를 깔아요. 이렇게 완성된 둥지는 곧 태어날 새끼들의 안락한 보금자리가 됩니다.

박새의 주된 먹이는 주로 곤충인데요, 특히 유충을 아주 좋아합니다. 놀라운 점은 한 마리의 박새가 1년에 먹는 유충의 양이 무려 8만 마리에서 10만 마리에 달한다는 사실이에요!

혹시 이런 말을 들어 본 적 있나요?

'새끼 한 마리를 키우려면 숲을 통째로 먹여야 한다.'

바로 이 새를 두고 한 말처럼 느껴지죠.

대부분의 새들은 새끼들에게 먹이를 줄 때 무작위로 주지 않습니다. 보통 입을 크게 벌리고, "나 배고파요!" 소리를 내며 적극적으로 어필하는 새끼가 먼저 먹이를 받게 되죠. 박새 역시 부모가 새끼들 사이의 경쟁 속에서 자연스럽게 우선순위를 정하며 먹이를 나누어 줍니다.

그렇게 열심히 먹이를 찾고 새끼를 키우는 덕분에 박새는 해충이 지나치게 늘어나 숲을 망치는 것을 막아 주는 중요한 역할을 합니다.

가을과 겨울에는 도토리나 나무 열매를 먹으며, 이를 나무껍질 틈이나 바위 밑에 숨겨 두기도 합니다. 만약 겨울에 먹지 못하고 남은 열매가 흙 속에서 싹을 틔우면, 그곳에 새로운 나무가 자라게 되죠.

이렇게 박새는 숲에 씨를 퍼뜨리는 중요한 역할도 합니다.

박새는 작은 몸집에도 불구하고 매우 영리한 새로 유명합니다. 이를 잘 보여 주는 사례가 바로 20세기 초중반 영국에서 벌어진 '우유병 사건'입니다.

당시 영국 가정에서는 매일 새벽 우유병이 배달되었고, 병 입구는 얇은 알루미늄 포일이나 간단한 캡으로 덮여 있었습니다. 어느 날, 박새 몇 마리가 이 포일을 부리로 쪼아 내고 우유병 윗부분에 고소하게 떠 있는 크림을 쪼아 먹기 시작했습니다.

처음에는 극소수만이 이 독특한 '크림 공략법'을 사용했지만, 시간이 흐르면서 주변 박새들도 이를 관찰하고 따라 하게 되었고요. 결국 여러 지역에 사는 박새들까지 이 기술을 익혀, 집 앞에 놓인 우유병이 어느새 박새들의 '레스토랑'이 되었습니다.

이는 박새들이 본능에만 의존하는 것이 아니라, 다른 개체의 행동을 학습하고 그 지식을 전수할 수 있는 능력을 지녔음을 보여 주는 대표적인 사례로 꼽힙니다. 결국 이 사건을 계기로 박새들이 지닌 사회적 학습 능력과 환경 적응력이 재조명되었고,

'새들도 문화를 가질 수 있다.'

라는 시각이 널리 퍼지게 되었죠. 이 일화는 동물 행동학 연구에서 중요한 사례로 여겨지며, 박새가 지능적인 생명체로 인정받는 이

유 중 하나입니다. 누가 알았겠어요? 숲속의 작은 새가 이렇게 똑똑하고 사회적인 존재일 줄요!

사람에 대한 경계심도 적고 호기심이 많아서, 모이를 주면 사람이 가까이 있어도 무시하고 먹이를 먹거나, 심지어 손이나 어깨 위에 올라와 모이를 쪼아 먹기도 합니다. 이런 친근한 모습 때문에 박새는 사람들에게 사랑받는 새 중 하나예요.

박새는 4월부터 7월 사이에 번식을 합니다. 한 번에 6~12개의 알을 낳고, 알은 흰색 바탕에 갈색 얼룩무늬를 갖고 있어요. 암컷과 수컷은 번갈아 가며 알을 품고 새끼가 부화하면 열심히 먹이를 물어다 줍니다.

번식기는 박새에게 정말 힘든 시기인데요, 두 차례 번식을 마치고 나면 기진맥진한 몸으로 천적의 먹이가 되는 경우도 있다고 해요. 그만큼 새끼를 위해 헌신하는 부모랍니다.

박새는 의외로 텃세가 강한 새입니다. 자기 영역에 다른 새들이 침범하면 경계음을 내며 몰아내려 하고, 심하면 머리를 쪼아 공격하기도 해요.

하지만 번식기가 끝나면 무리를 이루어 평화롭게 지내기도 합니다. 이렇게 유연한 생활 방식 덕분에 박새는 도심과 숲 어디에서나 잘 적응하며 살아가고 있어요.

박새는 작은 몸집에도 불구하고 숲의 건강을 지키고, 사람들에게 친근함과 재미를 주는 특별한 새입니다. 그들의 영리함, 헌신적인 부모 역할, 그리고 숲을 풍요롭게 만드는 역할까지! 여러분이 숲에서 박새를 보게 된다면, 이제 그들이 얼마나 대단한 새인지 바로 알아볼 수 있을 거예요.

박새에게는 재미있는 사촌들이 있습니다. 바로 쇠박새와 진박새인데요, 이 친구들은 박새와 비슷하면서도 각각의 패션센스가 조금씩 다릅니다.

쇠박새는 목 아래에 나비넥타이를 맨 것 같은 모습이에요. 마치 정장을 차려입고 중요한 행사에 참석하려는 신사 같죠. 반면, 진박새는 검은 머플러를 두른 것처럼 보입니다. 약간은 추운 날씨에 멋스럽게 머플러를 감은 패셔니스트 같달까요?

이렇게 사촌 새들까지 살펴보면, 같은 박새과 새들 사이에서도 각자의 특징이 뚜렷해 보입니다. 혹시 여러분도 숲에서 이 귀여운 새들을 만난다면, 목의 장식을 눈여겨보세요. 누가 어떤 스타일을 자랑하고 있는지 알아보는 재미가 쏠쏠할 겁니다.

작지만 무서운 사냥꾼, 때까치

때까치라는 이름만 들으면 어떤 느낌인가요? 얼핏,

"까치 종류 아니야?"

할 수도 있지만 까치와는 생김새가 전혀 다릅니다. 이 새는 약 18~20㎝로 참새보다는 크고 까치보다는 작은 크기를 가지고 있으며, 아주 독특하고 괴이한 습성으로 잘 알려져 있죠.

수컷은 머리가 붉은 갈색이고, 등은 잿빛을 띠고 있어요. 반면, 암컷은 전반적으로 잿빛이 더 강한 색을 가지고 있습니다. 또 눈 위에는 검은색 선이 지나가는데, 마치 선글라스를 낀 것처럼 멋져 보이죠.

때까치의 부리는 그 독특한 모양과 기능으로 인해 사냥에 매우 적합한 구조를 가지고 있습니다. 가장 눈에 띄는 특징은 부리가 아래로 휘어진 갈고리 모양이라는 점입니다. 이 형태는 매와 같은 맹금류에서도 흔히 볼 수 있는데, 이는 먹이를 사냥하거나 단단히 붙잡고 찢는 데 최적화된 구조이죠.

때까치는 이 강력한 부리를 이용해 곤충, 작은 새, 설치류 등을 사냥하며, 때로는 자신의 몸집보다 큰 먹이도 능숙하게 다룰 수 있습니다. 게다가 때까치의 부리 옆에는 톱니처럼 생긴 이빨 모양의 돌기가 있어서, 작은 새치고는 놀라울 정도로 강력한 무기를 갖추고 있습니다.

언뜻 보기에는 평범한 새처럼 보일 수 있지만, 이 부리를 자세히 들여다보면 이 새는 뭔가 달라도 다르다는 생각이 절로 들 만큼 독특하고 인상적입니다.

때까치는 작은 몸집에도 불구하고 육식성 새입니다. 곤충은 물론이고, 들쥐, 새끼 뱀, 개구리, 심지어 자신보다 큰 새까지 사냥하죠. 때까치가 들판 위를 날며 먹잇감을 노리는 모습은 마치 작은 독수리 같아요.

그런데 때까치는 기이하게도 먹잇감을 잡으면 바로 먹지 않고, 날카로운 나뭇가지나 가시에 꽂아 두는 습성이 있습니다. 이 때문에 때까치는 영어로 '부처버드(Butcherbird)'라는 별명을 가지고 있죠. 부처(Butcher)란 바로 정육점 주인을 뜻합니다.

왜 이런 무서운 별명이 붙었냐고요? 이유는 바로 먹이를 여기저기 꽂아 두는 행동이 마치 고기를 걸어 두는 정육점 같다고 해서 붙여진 이름이에요.

그런데 더 재미난 것은, 때까치는 가시에 꽂아 둔 먹이를 반드시 먹지 않는다는 것입니다. 가끔은 먹이를 꽂아 두고 잊어버리거나, 다른 동물이 먹게 내버려두기도 하거든요.

그래서 학자들 사이에서도 이 행동이 먹이를 저장하는 목적인지 아니면 다른 이유가 있는지에 대해 논란이 많습니다. 어떤 학자는 암컷을 유혹하기 위한 행동일 수 있다고도 해요.

"봐 봐, 내가 얼마나 많은 고기를 가지고 있는지!"

하고 자랑하는 거라는 거죠.

하지만 때까치에게도 천적이 있습니다. 길고양이나 뱀, 담비 같은 포식자가 때까치의 둥지를 노리기도 하죠. 그런데 때까치도 뱀을 사냥하기도 하니까, 서로가 서로의 천적이 되는 묘한 관계입니다.

'네가 날 잡아먹을래, 내가 널 잡아먹을까?'

하는 숲속 드라마가 벌어지는 거예요.

때까치는 높은 나무나 관목에 둥지를 짓고, 한 번에 4~6개의 알을 낳습니다. 알에서 깨어난 새끼들은 부모가 사냥한 먹이를 먹으며 자라죠.

하지만 때까치의 둥지는 종종 뻐꾸기 같은 새들에게 탁란(托卵)의 표적이 되기도 합니다. 탁란이란, 다른 새가 자기 알을 다른 새의 둥지에 몰래 낳아, 둥지 주인이 그 알을 자기 새끼인 줄 알고 키우게 만드는 행동을 말합니다.

뻐꾸기가 때까치의 둥지에 알을 낳으면, 때까치는 열심히 그 알을 품고 새끼가 깨어나면 먹이를 주며 키웁니다. 그때, 탁란하는 새들의 특성상, 뻐꾸기 새끼는 때까치의 알이나 새끼를 둥지 밖으로 밀어내고 모든 먹이를 독차지합니다. 결국 때까치는 자기 새끼들을 모두 잃은 채 뻐꾸기 새끼만 키우는 상황이 벌어지죠.

이런 탁란 행동은 때까치에게는 큰 부담이 되지만, 뻐꾸기에게는 효율적인 번식 전략입니다. 때까치의 부모 본능과 사냥 능력은 뻐꾸기 새끼의 생존을 도와주는 셈이 되죠. 이는 자연의 경쟁과 공생의 복잡한 관계를 보여 주는 예시입니다.

때까치는 무서운 사냥꾼으로 알려져 있지만, 사실 생태계에서 매우 중요한 역할을 하는 새입니다. 주로 곤충과 같은 작은 동물들을 잡아먹으며 이들 생물의 개체 수를 조절해 숲의 균형을 유지하는 데 큰 기여를 합니다. 만약 때까치가 없다면 해충이 급격히 늘어나 숲의 건강이 위협받을 수도 있죠.

때까치는 겉보기엔 귀엽고 평범한 새처럼 보이지만, 알고 보면 아주 독특하고 복잡한 습성을 가지고 있어요. 외모만 보고 판단하지 말라는 말이 딱 맞는 새라고 할 수 있죠!

자연이 빚어낸 음유시인, 어치

　어치는 몸길이가 약 34~35㎝로 비둘기보다는 조금 작고, 까치와 비슷한 크기를 가졌습니다. 몸은 분홍빛이 도는 갈색이고, 머리는 적갈색이며, 이마에는 검은 점들이 박혀 있어 독특한 무늬를 가지고 있습니다. 가장 눈에 띄는 특징은 파란 날개깃인데요, 파란색 바탕에 검은 줄무늬가 있어서 마치 애니메이션 그림을 보는 듯한 아름다움을 자랑합니다.

　어치는 까마귀과에 속한 만큼 지능이 뛰어난 새입니다. 하지만 같은 까마귀과인 까치처럼 사람 가까이 다가오는 새는 아니에요. 어치는 예민하고 급한 성격이라 주로 깊은 산속에서 살며, 인간과의 접촉을 꺼리는 편입니다.

　어치의 작은 몸 안에는 숲의 소리를 담아내는 마법 같은 재능이 숨겨져 있습니다. 개 짖는 소리도, 고양이의 울음도, 심지어 다른 새들의 노래까지— 어치는 마치 자연이 빚어낸 음유시인처럼 모든 소리를 자유자재로 흉내 내죠. 그런데 여기서 끝이 아닙니다! 어치가,

　　"너 뭐야!"

하고 사람 말을 흉내 내며 깜짝 놀라게 할 수도 있다는 사실!

어치의 이런 능력은 포식자를 혼란스럽게 하거나 자신을 보호하는 데도 유용하게 쓰인다고 하니, 어치는 재치와 생존 본능을 겸비한 똑똑한 새랍니다. 숲속에서 어치가 내는,

"누구긴 누구야?"

소리에 한번 귀를 기울여 보세요. 깜짝 놀랄 쇼타임이 시작될지도 모릅니다!

하지만 어치는 아무 때나 무턱대고 소리를 흉내 내지는 않습니다. 그 능력은 심심해서 하는 놀이가 아니라, 필요할 때 꺼내 쓰는 지혜로운 도구죠. 가령, 자신의 영역에 천적이 다가오는 기척이 느껴지면, 마치 진짜인 듯 맹금류의 울음소리를 내어 위협을 가합니다.

들리는 건 매의 날카로운 외침이지만, 그 소리를 낸 건 작은 어치, 숲의 교묘한 연출가입니다. 듣고 따라 하는 것이 아니라, 소리를 무기로 삼아 자신을 지키는 이 새를 보고 있으면, 자연이 얼마나 영리한 생명들을 만들어 냈는지 새삼 감탄하게 됩니다.

어치는 잡식성 새로 곤충, 도마뱀, 새알 같은 동물성 먹이를 먹기도 하고, 도토리와 같은 식물성 먹이를 즐깁니다. 특히 도토리는 어치가 가장 좋아하는 음식인데요, 어치는 겨울을 대비해 도토리를 저장하는 습성이 있어요.

어치는 도토리가 여물기 시작하는 가을부터 겨울을 대비해 본격적으로 저장 활동을 시작하는데요, 목 아래쪽에 도토리를 여러 개 담을 수 있는 특별한 구조를 가지고 있어요.

식도나 인후 부위가 어느 정도 신축성을 지니고 있어 부리로 문 도토리를 그쪽으로 밀어 넣어, 여러 알을 동시에 임시로 저장할 수 있습니다. 보통 한 번에 4~5개의 도토리를 나르지만, 도토리 크기에 따라 많게는 10개까지도 운반할 수 있다고 합니다.

이렇게 나른 도토리는 주로 땅에 묻습니다. 어치는 부리로 땅에 작은 구멍을 파고, 도토리를 한 알씩 묻은 후, 그 위에 낙엽이나 이끼 같은 재료로 덮어 완벽히 숨깁니다. 이 덕분에 저장된 도토리는 천적이나 다른 동물에게 잘 발견되지 않아요.

어치는 도토리를 항상 땅에만 묻는 건 아니라 나무와 나무 사이의 틈새 같은 곳에도 도토리를 보관하기도 합니다. 재미난 점은 일부 도토리가 찾아 먹히지 않고 남겨진다는 사실입니다.

이 남겨진 도토리들은 흙 속에서 싹을 틔워 새로운 나무로 자라게 되죠. 이렇게 어치는 자신의 먹이를 저장하는 것에 그치지 않고, 숲에 새로운 나무를 퍼뜨리는 작은 정원사 역할까지 하고 있는 셈입니다. 숲 생태계를 유지하는 데 어치가 얼마나 중요한 기여를 하고 있는지 알 수 있죠.

그런데 어치뿐만 아니라 다른 새들이나 다람쥐, 청서도 도토리를 땅에 묻는 습성을 가지고 있어요. 이들 역시 자신이 저장한 도토리

를 전부 찾아 먹지는 않는데요,

'단지 기억하지 못해서가 아니라 일부러 남겨 두는 건 아닐까?'

라는 재미난 상상도 해 볼 수도 있겠습니다.

혹시 그들이 도토리가 싹을 틔워 새로운 나무가 자라면, 자신이나 후세대가 더 많은 도토리를 얻을 수 있다는 것을 본능적으로 알고 있는 건 아닐까요?

마치 사람처럼 숲에 농사를 짓는다고 생각하면 참 재미있습니다. 어치와 같은 동물들이 이런 행동을 통해 자신의 생존뿐만 아니라 숲 전체의 생태계에 기여하고 있다는 점에서, 자연의 섬세하고도 놀라운 설계가 느껴집니다.

어치는 나무 위에 둥지를 짓고 번식합니다. 둥지는 나뭇가지를 엮어 만든 접시 모양이며, 안쪽에는 털이나 이끼 같은 부드러운 재료로 푹신하게 꾸며요. 알은 한 번에 4~8개를 낳으며, 새끼는 부화 후 20일 정도가 지나면 둥지를 떠나기 시작합니다.

어치도 다른 새들처럼 새끼를 키울 때는 정말 헌신적인 부모가 됩니다. 새끼들이 부화하면, 암컷과 수컷이 번갈아 가며 먹이를 구해 오고, 그것을 부리로 잘게 찢어 새끼들에게 먹입니다. 어치의 먹이는 곤충, 도토리, 심지어 작은 동물들까지 다양하기 때문에, 새끼들에게 필요한 영양을 충분히 공급할 수 있죠.

어치의 능력은 성대모사를 하듯 소리를 흉내 내는 것뿐 아니라 둥지를 지키는 강한 본능과 맞닿아 있습니다. 맹금류의 울음소리를 흉내 내어 천적을 위협하는 건 기본이고, 둥지 주변을 맴돌며 날카로운 눈으로 감시하는 모습은 마치 숲의 경계병 같습니다.

  침입자가 완전히 사라질 때까지 한순간도 방심하지 않는 그 날갯짓에는, 그 작은 몸으로 둥지를 지켜 내려는 강한 의지가 깃들어 있습니다. 어치에게 둥지는 그들의 보금자리뿐 아니라, 지켜야 할 소중한 세계니까요.

  어치는 작은 새들의 천적으로도 알려져 있어요. 새알이나 새끼를 먹이로 삼기도 하며, 이로 인해 다른 새들에게는 두려운 존재로 여겨지기도 합니다. 하지만 이러한 행동도 자연의 순환 과정의 일부라고 할 수 있겠죠.

둘만 낳아 잘 기르는 멧비둘기

오늘은 조금 특별한 새 한 마리를 소개해 드리려 합니다. 혹시 '젖을 먹이는 동물'을 뭐라고 부르죠? 맞습니다, 포유류라고 하죠. 그러면, 젖을 먹이는 새는 뭐라고 부를까요?

"젖 먹이는 새도 있어?"

하고 고개를 갸웃하실 수도 있지만, 놀랍게도 그런 새가 실제로 존재합니다. 그 주인공은 바로 멧비둘기입니다.

멧비둘기, 잘 아시죠? 우리가 흔히 도시에서 볼 수 있는 비둘기와 비슷하게 생겼습니다. 하지만 멧비둘기는 몸집이 조금 더 작고 날렵하며, 자연 속을 날아다니는 모습이 참 기품 있어 보이는 새입니다. 게다가 우리나라의 텃새로, 사계절 내내 볼 수 있는 친숙한 친구이기도 하죠.

멧비둘기 울음소리는 우리 주변에서 흔히 들을 수 있습니다.

'구구 웃구구, 구구 웃구구…'

어쩐지 우리 전통 장단인 휘모리장단(덩덕 쿵더쿵)을 닮은 듯, 규칙적인 리듬이 묘한 흥을 자아냅니다. 아마 한국에서 오래 사신 분이라면 한 번쯤 창문을 열어 놓은 여름날 아침, 멧비둘기 울음소리에 잠이 깬 경험이 있으실 겁니다. 우리의 일상 속 배경음악 같은 새랄까요?

하지만 멧비둘기의 특별함은 단지 울음소리에 그치지 않습니다. 이 새는 철저한 채식주의자로, 벌레는 거들떠보지도 않고 대개 씨앗, 열매, 콩류로 구성된 식단만 즐깁니다. 일부 연구에서는 멧비둘기가 곤충 같은 작은 무척추동물을 섭취할 가능성이 있는 것으로 보고된 바 있습니다. 하지만 이는 주식이 아니라 극히 드문 예외적인 행동입니다.

반면, 우리가 흔히 '닭둘기'라 부르는 도시의 비둘기는 잡식성이라 사람이 먹는 것은 뭐든지 가리지 않고 먹죠. 그런데,

"그냥 채식한다고 뭐가 특별하냐?"

고요? 바로 여기서부터가 멧비둘기의 진짜 매력이 드러납니다. 이 새의 채식주의는 자연과의 독특한 관계와 생태적 비밀을 품고 있답니다.

멧비둘기는 먹은 씨앗을 곧바로 소화하지 않고, 목 아래 '소낭'이라는 특별한 저장 공간에 보관합니다. 새끼에게 먹이를 줄 시기가 되면, 이 소낭 속의 내용을 걸쭉한 액체로 만들어 새끼에게 먹이는

데, 이를 바로 '비둘기 젖'이라고 부릅니다. 일명 '피존 밀크 (Pigeon milk)'라고 하죠.

더 놀랍게도 이 작업은 어미 새뿐만 아니라 아빠 새도 똑같이 합니다.

'아니, 젖 먹이기는 엄마 역할 아니야?'

라고 의아해하실 수도 있지만, 멧비둘기에게는 그런 성 역할 고정관념이 존재하지 않습니다. 가족의 생존을 위해 부모가 함께 협력하는 모습이 자연스럽게 자리 잡은 거죠. 일부 앵무새나 펭귄 같은 새들도 비슷한 방식으로 새끼를 돌본다고 하니, 새들의 육아법이 참 다채롭습니다.

생각해 보면 우리 인간도 자연의 일부라는 점에서 크게 다르지 않습니다. 예를 들어, 아빠가 아기를 품에 안고 젖병을 물리며 사랑스러운 눈빛으로 바라보는 모습은 다정함과 책임감을 보여 주는 장면이죠. 이 모습은 가족 간의 유대감과 협력의 중요성을 상징합니다. 자연이 그러하듯, 우리도 사랑과 유대로 연결되어 함께 살아갑니다.

게다가 멧비둘기는 물 마시는 법도 남다릅니다. 대부분 새들은 한 모금 물을 머금고 고개를 들어 삼키지만, 멧비둘기는 빨대라도 문 듯 고개를 들지 않고도 홀짝홀짝 잘도 마십니다. 이로써 새끼들은 초유와 비슷한 영양으로 무장한 '비둘기 젖'을 넉넉히 공급받아, 한층 더 튼튼하게 자라나게 됩니다.

멧비둘기의 젖이 신기해서 어떤 사람이 그 젖을 한번 먹어 보았다고 합니다. 그런데 그 맛이 너무 비리고 역겨워서 도저히 먹을 수가 없었다고 하는데, 사람의 입맛에 맞지 않는 것이 정말 다행이라는 생각이 듭니다. 그 젖이 맛이 있다면, 아마 새끼들에게 돌아갈 젖은 남아나지 않을 테니까요.

이뿐만이 아닙니다. 멧비둘기 둥지를 보면, 참 엉성하기 그지없습니다. 나뭇가지를 몇 개 얹어 놓은 듯한 수준이라,

"이거 알 안 떨어져요?"

하고 묻고 싶어질 정도죠. 멧비둘기는 한 번에 두 알씩만 낳고, 이를 봄·여름·가을, 매 계절마다 반복합니다. 둘만 낳아 잘 기르자는 말이 떠오를 정도로 간소하지만 효율적인 번식 전략인 셈입니다.

새들은 알을 낳을 때마다 집을 새로 짓는 경우가 많습니다. 그래서 '새집은 언제나 새 집'이라는 말이 나왔나 봅니다. 하지만 멋들어진 둥지를 매번 계절마다 한 번씩 짓다 보면, 공사만 하다가 새끼 볼 날은 영영 오지 않을지도 모릅니다.

그렇게 보면 멧비둘기가 대충 엮은 듯한 둥지도 사실은 목적에 충실한 미니멀리즘 인테리어일지 모릅니다. 까치처럼 정교하고 화려한 집을 짓느라 시간을 쏟는 대신, 엉성하지만 빠르고 단순하게 둥

지를 완성하고 번식 타이밍을 놓치지 않는 효율적인 방식을 택한 것이겠죠. 새들의 집짓기 방식에도 나름의 전략과 생존 철학이 숨어 있는 셈입니다.

옛날이야기를 하나 더 곁들이자면, 시어머니가 며느리에게 멧비둘기 알을 보여 주지 않았다는 전설 같은 얘기가 있습니다. 다산(多産)이 미덕이던 시절, 혹시 며느리가 멧비둘기를 본받아,

"둘만 낳아 잘 기를까?"

하고 생각이라도 할까 봐서였다고 하니, 참으로 세태를 반영하는 '웃픈' 일화입니다.

다음번에 창문 밖으로 "구구 웃구구" 전통 장단이 들려온다면, 그 단순한 리듬 속에 자연의 기묘한 발명품 '비둘기 젖'과 서로 다른 시대의 가치관, 그리고 둥지 속 작은 가족의 이야기가 담겨 있음을 떠올려 보세요. 아마 그 순간, 멧비둘기의 낯익은 울음이 이전과는 조금 다른 울림으로 들리지 않을까요?

새 한 마리를 이해하는 것은 때때로 우리 자신을 더 넓게, 더 깊게 이해하는 길이기도 합니다.